养殖场兽药规范使用手册系列丛书

肉鸡场
兽药规范使用手册

中国兽医药品监察所
中国农业出版社　组织编写
徐士新　主编

ROUJI CHANG
SHOUYAO GUIFAN SHIYONG SHOUCE

中国农业出版社
北　京

图书在版编目（CIP）数据

肉鸡场兽药规范使用手册 / 中国兽医药品监察所，中国农业出版社组织编写；徐士新主编．—北京：中国农业出版社，2019.1

（养殖场兽药规范使用手册系列丛书）

ISBN 978-7-109-24526-6

Ⅰ．①肉…　Ⅱ．①中…　②中…　③徐…　Ⅲ．①鸡病—兽用药—手册　Ⅳ．①S858.31-62

中国版本图书馆 CIP 数据核字（2018）第 198470 号

中国农业出版社出版

（北京市朝阳区麦子店街 18 号楼）

（邮政编码 100125）

策划编辑　孙忠超　刘　玮　黄向阳

责任编辑　黄向阳

北京万友印刷有限公司印刷　　新华书店北京发行所发行

2019 年 1 月第 1 版　　2019 年 1 月北京第 1 次印刷

开本：910mm×1280mm　1/32　　印张：9

字数：220 千字

定价：28.00 元

本书有关用药的声明

随着兽医科学研究的发展、临床经验的积累及知识的不断更新，治疗方法及用药也必须或有必要做相应的调整。建议读者在使用每一种药物之前，参阅厂家提供的产品说明书以确认推荐的药物用量、用药方法、所需用药的时间及禁忌等，并遵守用药安全注意事项。执业兽医有责任根据经验和对患病动物的了解决定用药量及选择最佳治疗方案。出版社和作者对动物治疗中所发生的损失或损害，不承担任何责任。

丛书编委会

编 者 名 单

主　编　徐士新

副主编　曾振灵　袁宗辉

编　者（以姓氏笔画为序）

卜仕金　王亦琳　毛娅卿　尹　晖
叶　妮　白玉惠　巩忠福　孙　坚
李亚菲　吴聪明　张秀英　胡功政
袁宗辉　徐士新　黄显会　曹兴元
曾振灵　谢书宇　熊文广

PREFACE 序

有效保障食品安全、养殖业安全、公共卫生安全、生物安全和生态环境安全是新时期兽医工作的首要任务。我国是动物养殖大国，也是动物源性食品消费大国。但是我国动物养殖者的文化素质、专业素质参差不齐，部分养殖者为了控制动物疫病，违规使用、滥用兽药，甚至违法使用违禁药物，造成动物产品中兽药残留超标和养殖环境中动物源细菌耐药性，形成严重的公共卫生和生物安全隐患。

当前，细菌耐药、兽药残留问题深受百姓关注，党中央国务院非常重视。国家“十三五”规划明确提出要强化兽药残留超标治理，深入开展兽用抗菌药综合治理工作。2017 年，制定实施《全国遏制动物源细菌耐药行动计划（2017—2020 年）》，明确了今后一个时期的行动目标、主要任务、技术路线和关键措施。随着兽药综合治理工作的推进和养殖业方式转变，我国养殖业兽药的使用已呈现逐步规范、渐近趋好的态势。

为进一步规范养殖环节各种兽药的使用，引导养殖场兽医及相关工作人员加深对兽药规范使用知识的了解，中国兽医药品监察所和中国农业出版社组织编写了养殖场兽药规范使用手册系列丛书。该丛书站在全局的高度，充分强调兽药规范使用的重要性，理论联系实际，以《中华人民共和国兽药典》等相关规范为基础，介绍兽药使用基础知识、各畜种常见使用药物、疫病诊断及临床用药方法等，同时附录兽药残留限量标准、休药期标准等基础参数，直观生动，易学易懂，具有较强的科学性、实用性和先进性，可为兽医临床用药提供全面、系统的指导，既是先进兽药科学使用的技术指导书，也是一套适用于所有畜牧兽医工作者学习的理论参考书，对落实《全国遏制动物源细菌耐药行动计划（2017—2020年）》将发挥积极作用，具有重要的现实意义。

相信这套丛书一定会成为行业受欢迎的图书，呈现出权威、标准、规范和实用特色！

农业农村部副部长

FOREWORD 前 言

兽药作为养殖业重要的投入品，是预防、治疗和诊断动物疫病的特殊商品，对动物疫病防控、养殖业健康可持续发展和动物源性食品安全影响重大。目前，消费者对肉鸡的食品安全关注度日益提高，养殖业急需提高执业兽医的科学用药水平，以保障食品安全和公共卫生安全。而肉鸡养殖中正确合理、规范使用兽药，则无论对保障食品安全，还是将细菌耐药性控制在合理水平，都是至为重要的关键环节。

中国兽医药品监察所、中国农业出版社组织一批专家学者编写了《肉鸡场兽药规范使用手册》一书。本书从肉鸡养殖用药基础知识、常用药物、常见疾病临床用药、兽药残留与食品安全、抗菌药物耐药性控制 5 个方面，对肉鸡场的安全用药进行了介绍，以国家批准使用的兽药为前提，突出“治病与选药结合”，并以通俗易懂的方式进行叙述介绍，期望达到正确诊断疾病、精准选择用药的作用。本书可供肉鸡养殖场兽医及员工学习使用，以提高对常见鸡病防治与用药的技术水平，同时也可作为基层兽医工作者、农业院校相关专业师生开展肉鸡疾病诊疗、规范用药的参考资料。

由于编写时间紧，加之编者的水平有限，不免存在遗漏甚至是错误之处，恳请同行专家和广大读者提出宝贵意见和建议，以便再版时加以修改补充。

编　者

2018 年 8 月

CONTENTS 目录

第一章 肉鸡养殖用药基础知识

第一节　兽药的定义、应用形式及保管

一、兽药的定义与来源

（一）兽药的定义

兽药是指用于预防、治疗、诊断动物疾病，或者有目的地调节动物生理机能的物质。主要包括血清制品、疫苗、诊断制品、微生态制剂、中药材、中成药、化学药品、抗生素、生化药品、放射性药品及外用杀虫剂、消毒剂等。兽药也包括用以促进动物生长、繁殖和提高动物生产效能，促进畜牧业养殖生产的一些物质。动物饲养过程中常用到的饲料添加剂是指为满足某些特殊需要而加入饲料中的微量营养性或非营养性的物质，含有药物成分的饲料添加剂则被称为药物饲料添加剂，亦属于广义兽药的范畴。当药物使用方法不当、用量过大或使用时间过长时，会对动物机体产生毒性，损害动物健康，甚至会导致死亡，药物则变为了毒物。药物和毒物之间并无本质的、绝对的界限，因此，在用药时应明白用药的目的及方法，发挥药物对机体有益的药理作用，避免其有害的毒副作用或不良反应。

（二）兽药的来源

我国兽药使用历史悠久，早在秦汉时期，药学文献《居延汉简》和《流沙坠简》中已有关于兽药处方的记载；汉末三国时期，中国最早的药学著作《神农本草经》中，曾有专用的兽药记录。北魏贾思勰在《齐民要术》中收载了多种兽用方剂。明代李时珍的《本草纲目》中收载了 1 892 种药物，其中兽药有 60 多种；明代万历年间中国的兽医专著《元亨疗马集》中收载的兽药则多达 200 多种、兽用处方 400 余个。

这些典籍中收载的兽药大致有三个来源：植物、动物和矿物。其中植物类兽药最多，如桔梗科植物桔梗具有宣肺、祛痰、利咽、排脓的功效，多用于治疗动物咳嗽痰多、咽喉肿痛、肺痈等。植物类兽药的入药部位多样，有些品种能够全草入药，有些则仅限于根、茎、叶或花等部位入药。动物类兽药也有较多使用，如鸡内金为鸡的干燥砂囊内壁，具有健胃消食、化石通淋的功效，用于治疗动物的食积不消、呕吐、泻痢、砂石淋等。除了这些植物和动物来源的兽药以外，还有少部分矿物来源的兽药，如石膏，其为硫酸盐类矿物，具有清热泻火和生津止渴的功效，可用于治疗动物外感热病、肺热喘促、胃热贪饮、壮热神昏、狂躁不安等。

随着科学技术的不断发展及化学、物理学、解剖学和生理学等学科的建立，一些化学家开始了从药用植物中提取有效成分的尝试，之后一些生理学家（其中一些成为了药理学的先驱者）应用生理学的方法来观察和评价这些化学成分的药效和毒性，此时近代实验药理学逐渐拉开序幕。随着后续的化合物构效关系的确认及定量药理学概念的提出，现代药理学真正发展起来。而兽医药理学的发展是伴随着药理学的发展进程渐次进行的，在整个进程中，青霉素的发现、磺胺类药物及喹诺酮类药物的合成等具有重大意义。同时这也引出了兽药的另两个重要来源：化学合成及微生物发酵。

化学合成类兽药中磺胺类及（氟）喹诺酮类为典型代表。其中首次合成于1962年的萘啶酸为第一代喹诺酮类药物的代表；第二代该类兽药则为合成于1974年的氟甲喹；1979年合成的诺氟沙星是首个第三代该类药物，由于它具有6-氟-7-哌嗪-4-诺酮环结构，故该类药物从此开始称为氟喹诺酮类药物。目前，我国在兽医临床批准应用的氟喹诺酮类药物有恩诺沙星、环丙沙星、达氟沙星、二氟沙星、沙拉沙星等。而来源于微生物发酵的兽药则多为一些分子量较大、结构复杂的兽药，如天然青霉素是从青霉菌的培养液中分离获得的，含有青霉素F、青霉素G、青霉素X、青霉素K和双氢F五种组分。

除了前述的五种兽药来源之外，基于生物技术发展起来的兽药逐渐增多。这类药物是通过细胞工程、基因工程等分子生物学技术生产的药物，如重组溶葡萄球菌酶、干扰素、转移因子等。

二、兽药的应用形式

兽药原料药不能直接用于动物疾病的预防或治疗，必须进行加工，制成安全、有效、稳定和便于应用的形式，称为药物剂型。例如粉剂、片剂、注射剂等。药物剂型是一个集体名词，其中任何一个具体品种，如片剂中的土霉素片、注射剂中的盐酸多西环素注射液等，则称为制剂。药物的有效性首先是其本身固有的药理作用，但仅有药理作用而无合理的剂型，必然影响药物疗效的发挥，甚至出现意外。同一种药物可有不同的剂型，但作用和用途就有差别，如硫酸镁粉经口服，具有导泻的作用，而静脉注射硫酸镁注射液则是发挥其抗惊厥的作用。先进、合理的剂型有利于药物的储存、运输和使用，能够提高药物的生物利用度，降低不良反应，发挥最大疗效。

每类剂型的形态相同，其制法特点和效果亦相似，如液体制剂多需溶解，半固体制剂多需融化或研匀，固体制剂多需粉碎及混合。疗效速度以液体制剂为最快、固体较慢，半固体多作外用。按使用方便性，动物常用的药物剂型主要有：

1. 粉剂/散剂 是指粉碎较细的一种或一种以上的药物均匀混合制成的干燥粉末状制剂，如内服使用的白头翁散。随着集约化、规模化养殖业的出现，许多药物（如抗菌药物、抗寄生虫药物、维生素、矿物质、中草药等）通常是制成粉剂（散剂），混入饲料中饲喂动物，用以防治疾病、促进生长、提高饲料转化率等。一些药物因为本身的溶解性较好，还可制成可溶性粉剂经动物饮水投药。为了使药物在饲料中均匀混合，药物添加剂必须先制成预混剂，然后拌入饲料中使用，预混剂就是一种或几种药物与适宜的基质（如碳酸钙、麸皮、玉米粉等）均匀混合制成的散剂。

2. 颗粒剂 是将药物与适宜辅料制成的颗粒状制剂，分为可溶性颗粒剂、混悬性颗粒剂和泡腾性颗粒剂。

3. 溶液剂 指一般可供内服或外用的澄明溶液，溶质为呈分子或离子状态的不挥发性化学药物，其溶媒多为水，如恩诺沙星溶液。还有以醇或油作为溶媒的溶液剂，如地克珠利溶液。内服溶液剂给药方便，生物利用度也较高，且不存在混合不均匀的问题。

4. 片剂 是指一种或一种以上的药物经加压制成的扁平或上下面稍有凸起的圆片状固体剂型，具有质量稳定、称量准确、服用方便等优点。缺点为某些片剂溶出速率及生物利用度差，如土霉素片。

5. 注射剂 也称针剂，是指由药物制成的供注入体内的灭菌水溶液、混悬液、乳状液或供临用前配成溶液的无菌粉末（粉针剂，用前现溶）或浓缩液，需使用注射器从静脉、肌内、皮下等部位注射给药的一种剂型，如盐酸林可霉素注射液、注射用青霉素钠等。注射剂的优点是药效迅速、剂量准确、作用可靠、吸收快。不宜内服的药物，如青霉素、链霉素等也常制成注射剂。缺点是注射给药不方便，且注射时往往引起应激反应，且生产过程要求一定的设备。

三、兽药的贮藏与保管

兽药的稳定性是反映兽药质量的主要指标，不易发生变化的稳定性强，反之亦然。而兽药的稳定性取决于兽药的成分、化学结构及剂型等内在因素，空气、温度、湿度、光线等外界因素同样也会引起兽药发生变化。因此，需认真对待兽药的贮藏和保管工作，定期检查以保证其安全性和可使用性。

（一）影响兽药变质的主要因素

1. 空气 空气中的氧或其他物质释放出的氧，易使药物氧化，引起药物变质，如维生素C、氨基比林氧化变色，硫酸亚铁氧化成硫酸铁等；同时空气中的二氧化碳能与碱性药物反应，而使药物变质，如氨茶碱与空气中的二氧化碳反应后析出茶碱并分解变色。

2. 光照 日光直射或散射都能使某些药物分解，维生素 B_2 溶液在光线的作用下，可光解而失效。双氧水遇光分解生成氧和水。

3. 温度 温度过高，会使药物的降解速度加快，造成某些抗生素、维生素 D_3 等多种药物变质失效，或挥发性成分挥发而药效降低；温度过低，易使软膏剂变硬，液体制剂冻结、分层、析出结晶。

4. 湿度 一些药物可吸收潮湿空气中的水分发生潮解、液化、变性或分解而变质，如阿司匹林、青霉素类和硫酸新霉素等因吸潮而分解，但对于某些含结晶水药物（如氨苄西林三水化合物、茶碱水合物）的贮存环境，也并非是愈干燥愈好，空气过于干燥会发生风化，风化后在使用中较难掌握正确剂量。

5. 霉菌 空气中存在霉菌孢子和其他微生物，这些孢子若散落在药物表面，在适宜的条件下，就能形成霉菌引起药物变质。

6. 贮藏时间 理化性质不稳定的药品，易受外界因素的影响，即使贮藏条件适宜，保存合理，但贮存一定时间后，含量（效价）下降或毒性增强。因此，药物的贮藏和使用不要超过有效期。

（二）兽药的一般保管方法

1. 要根据兽药的性质、剂型进行分类保管。一般可按固、水、气、粉或片、液、针等剂型及普通药、剧药、毒药、危险药品等分类，采用不同方法进行保管。剧药与毒药应要专账、专柜、加锁，由专门双人双锁保管，每个兽药必须单独存放，要有明显标记。

2. 一般兽药都应按《中华人民共和国兽药典》（以下简称《兽药典》）或《兽药说明书》中该药所规定的贮藏条件进行贮藏和保存。也可根据其理化特性进行相应的贮藏和保存。

3. 为了避免兽药贮存过久，必须掌握“先进先出，易坏先出”“近期（临近有效期）先出”的原则，要合理存放或堆放，定期检查和盘存。

4. 根据兽药特性，采用不同的贮藏方法。

（1）易光解的兽药。如喹诺酮类药物等，应避光保存，包装宜用棕色瓶，或在普通容器外面包上不透明的黑纸，并防止日光照射。

（2）易潮解引湿的兽药。如氢氧化钠等应密封于容器内，干燥保存，注意通风防潮。

（3）易风化兽药。如硫酸钠、咖啡因等，这类药物除密封外，还需置于适宜湿度处保存（一般以相对湿度50%～70%为宜）。

（4）易受温度影响的兽药。要防受热或防冻结，要求“阴凉处保存”的是指不超20℃，如抗生素的保存。“冷放保存”或“冷藏保存”是指2～10℃，如生物制品的保存。

（5）易吸收二氧化碳的兽药。如氯化钙等，需严密包装，置阴凉处保存。

（6）中草药多易吸湿、长霉和被虫蛀，要注意贮存在阴凉、通风、干燥的地方，并注意防潮、防虫害。

(7) 生物制品一般需要冷藏，要求 2～8℃贮存的灭活疫苗、诊断液和血清等，应在同样温度下运送，严冬季节要注意采取防冻措施。炎夏季节应采取降温措施。要求低温贮存的疫苗，应按照要求的温度贮存和运输。

兽药的稳定性往往同时受多种因素的影响，有的兽药既需避光，又需防热或防潮，保存时要满足兽药所需的理化条件。

5. 若发现兽药有氧化、分解、变色、沉淀、混浊、异物、发霉、分层、腐败、潮解、异味、生虫等影响兽药质量的现象时，一般均不可应用。

6. 兽药批号、有效期与失效期。批号是生产单位在兽药生产过程中，用来表示同一原料、同一生产工艺、同一批料、同一批次制造的产品，一般日期与批次用一短线相连来表示，如 20181001－01 表示 2018 年 10 月 1 日生产的第一批产品。

有效期是指兽药在规定的贮藏条件下能保证其质量的期限。失效期是指兽药超过安全有效范围的日期，兽药超过此日期，必须废弃，如需使用，需经药检部门检验合格，才能按规定延期使用。有效期一般是从兽药的生产日期（有的没有标明生产日期，则可由批号推算）起计数，如某兽药的有效期是两年，生产日期为 2018 年 1 月 1 日，则指其可使用到 2019 年 12 月 31 日。如某兽药失效期标明 2019 年 12 月，则指可使用到 2019 年 11 月 30 日止，到 12 月即失效。

四、兽医处方

兽医处方是兽医临床工作及药剂配置的一项重要书面文件。处方的类型可分为法定处方和诊疗处方，法定处方主要指《中华人民共和国兽药典》和《兽药质量标准》等所收载的处方。兽医诊疗处方指经注册的执业兽医在动物诊疗活动中为患病动物开具的，作为患病动物用药凭证的医疗文书。凭兽医处方可购买和使用的兽药即为兽医处方药，而由我国国务院兽医行政管理部门公布的、不需要凭兽医处方就可自行购买并按照说明书即可使用的兽药则称为兽医非处方药。处方开写的正确与否，直接影响治疗效果和患病动物的安全，执业兽医必须依据准确的诊断，认真负责地按照用药的原则，正确、清楚地开写处方。处方中应写明药物的名称、数量、制剂及用量用法等，以保证药品的规格和安全有效。处方还应保存一段时间，以备查考。

（一）处方笺内容

兽医处方笺内容包括前记、正文、后记三部分，要符合以下标准：

1. 前记 对个体动物进行诊疗的，至少包括动物主人姓名或者动物饲养单位名称、档案号、开具日期和动物的种类、性别、体重、年（日）龄。

对群体动物进行诊疗的，至少包括饲养单位名称、档案号、开具日期和动物的种类、数量、年（日）龄。

2. 正文 包括初步诊断情况和 Rp（拉丁文 Recipe“请取”的缩写）。Rp 应当分列兽药名称、规格、数量、用法、用量等内容；对于食品动物还应当注明休药期。

3. 后记 至少包括执业兽医签名或盖章、注册号及发药人签名或盖章。

（二）处方书写要求

兽医处方书写应当符合下列要求。

1. 动物基本信息、临床诊断情况应当填写清晰、完整，并与病历记载一致。

2. 字迹清楚，原则上不得涂改；如需修改，应当在修改处签名或盖章，并注明修改日期。

3. 兽药名称应当以兽药国家标准载明的名称为准，简写或者缩写应当符合国内通用写法，不得自行编制兽药缩写名或者使用代号。

4. 书写兽药规格、数量、用法、用量及休药期要准确、规范。

5. 兽医处方中包含兽用化学药品、生物制品、中成药的，每种兽药应当另起一行。

6. 兽药剂量与数量用阿拉伯数字书写。剂量应当使用法定计量单位：质量以千克（kg）、克（g）、毫克（mg）、微克（μg）、纳克（ng）为单位；容量以升（L）、毫升（mL）为单位；有效量单位以国际单位（IU）、单位（U）为单位。

7. 片剂、丸剂、胶囊剂及单剂量包装的散剂、颗粒剂，分别以片、丸、粒、袋为单位；多剂量包装的散剂、颗粒剂以克或千克为单位；单剂量包装的溶液剂以支、瓶为单位，多剂量包装的溶液剂以毫升或升为单位；软膏及乳膏剂以支、盒为单位；单剂量包装的注射剂以支、瓶为单位，多剂量包装的注射剂以毫升或升、克或千克为单位，应当注明含量；兽用中药自拟方应当以剂为单位。

8. 开具处方后的空白处应当划一斜线，以示处方完毕。

9. 执业兽医师注册号可采用印刷或盖章方式填写。

（三）处方保存

兽医处方（图 1-1）开具后，第一联由从事动物诊疗活动的单位留存，第二联由药房或者兽药经营企业留存，第三联由动物主人或者饲养单位留存。兽医处方由处方开具、兽药核发单位妥善保存两年以上。保存期满后，经所在单位主要负责人批准、登记备案，方可销毁。

XXXXXXX处方笺

动物主人/饲养单位＿＿＿＿＿＿＿＿＿＿ 档案号＿＿＿＿＿＿
动物种类＿＿＿＿＿＿ 动物性别＿＿＿＿＿＿ 体重/数量＿＿＿＿＿
年（日）龄＿＿＿＿＿＿ 开具日期＿＿＿＿＿＿＿＿＿＿

诊断：	Rp:

执业兽医师＿＿＿＿＿＿ 注册号＿＿＿＿＿＿ 发药人＿＿＿＿＿＿

第一联 从事动物诊疗活动的单位留存

图 1-1 兽医处方笺样式

“×××××××处方笺”中，“×××××××”为从事动物诊疗活动的单位名称

第二节 临床合理用药

一、影响药物作用的主要因素

药物的作用是机体与药物相互作用过程的综合表现，许多因素都可能影响或干扰这一过程，改变药物效应。这些因素包括药物、动物及环境三方面。

（一）药物因素

1. 药物剂型和给药途径 药物的剂型和给药途径对药物的吸收、分布、代谢和排泄产生较大影响，从而引起不同的药理效应。一般来讲，药效由高到低的给药途径是：静脉注射＞吸入＞肌内注射＞皮下注射＞口服＞皮肤给药。其中静脉注射由于没有吸收过程，因而产生的药理效应更加显著。口服给药的吸收速率按剂型排序为水溶液＞散

剂>片剂。有的药物给药途径不同产生不同的药理效应，如硫酸镁内服导泻，而静脉注射或肌内注射则有镇静、镇痉等效应。

2. 剂量 药物剂量决定药物和机体组织器官相互作用的浓度，在一定范围内，给药剂量越大，则血药浓度越高，作用越强。有的药物随剂量由小到大，其作用发生质的改变，如生存和致死等。例如，动物内服小剂量人工盐是健胃作用，大剂量则表现为下泻作用。兽医临床用药时，除根据《兽药典》决定用药剂量外，兽医师可以根据动物病情发展的需要适当调整剂量，更好地发挥药物的治疗作用。家禽由于集约化饲养，数量巨大，注射给药要消耗大量人力、物力，也容易引起应激反应，所以药物可用混饲或混饮的群体给药方法。这时必须注意保证每个个体都能获得充足的剂量，又要防止一些个体食入量过多而产生中毒，还要根据不同气候、疾病发生过程及动物食量或饮水量的不同，适当调整药物的浓度。

3. 联合用药 两种或两种以上的药物同时或先后应用时，药物在体内产生相互作用，影响药动学和药效学。

（1）*药动学方面* 包括妨碍药物的吸收、改变胃肠道 pH、形成络合物、影响胃排空和肠蠕动、竞争与血浆蛋白结合、影响药物的代谢和影响药物排泄等。

（2）*药效学方面* 包括：①协同作用，联合用药增强药理效应，如增强作用和相加作用。两药合用的效应大于单药效应的代数和，称增强作用；两药合用的效应等于它们分别作用的代数和，称相加作用。在同时使用多种药物时，治疗作用可出现协同作用：不良反应也可能出现这种情况，如第 1 代头孢菌素的肾毒性可由于合用庆大霉素而增强。②颉颃作用，两药合用的效应小于它们分别作用的总和。

（3）*配伍禁忌* 两种以上药物混合使用可能发生体外的相互作用，出现使药物中和、水解、破坏失效等理化反应，这时可能发生混浊、沉淀、产生气体及变色等外观异常的现象，称为配伍禁忌。例如，在葡萄糖注射液中加入磺胺嘧啶钠注射液，可见液体中有微细的结晶析出，这是磺胺嘧啶钠在 pH 降低时必然出现的结果。

（二）动物方面的因素

动物的种属、年龄、性别、体重、生理状态、病理因素、个体差异等均影响药物的作用。

1. 种属差异 动物品种和生理特点对药物的药动学和药效学往往有很大的差异。在大多数情况下表现为量的差异，即作用的强弱和维持时间的长短不同，如链霉素在不同的动物中消除半衰期表现出很大差异。有少数药物表现出质的差异，如吗啡对人、犬等表现出抑制作用，而对马、猫、虎等则表现为兴奋作用。此外，还有少数动物因缺乏某种药物的代谢酶，因而对某些药物特别敏感。

2. 生理因素 不同年龄、性别或生理状态动物对同一药物的反应往往有一定差异，这与机体器官组织的功能状态，尤其与肝脏药物代谢酶系统有着密切的关系。如幼龄动物因为肝脏微粒体酶代谢功能不足和/或肾排泄功能不足，其体内药物的消除半衰期往往要长于成年动物。同理，老龄动物亦有上述现象，一般对药物的反应较成年动物敏感，所以临床用药剂量应适当减少。

3. 病理因素 药物的药理效应一般都是在健康动物试验中观察得到的，动物在病理状态下对药物的反应性存在一定程度的差异。不少药物对疾病动物的作用较显著，甚至要在动物病理状态下才呈现药物的作用，如解热镇痛抗炎药能使发热动物降温，但对正常体温没有影响。大多数药物主要通过与靶细胞受体相结合而产生各种药理效应，在各种病理情况下，药物受体的类型、数目和活性可以发生变化而影响药物的作用。严重的肝、肾功能障碍，可影响药物的生物转化和排泄，对药物动力学产生显著的影响，引起药物蓄积，延长消除半衰期，从而增强药物的作用，严重者可能引发毒性反应。但也有少数药物在肝生物转化后才有作用，如可的松、泼尼松，在肝功能不全的疾病动物中其作用减弱。炎症过程可使动物的生物膜通透性增加，影响药物的转运。严重的寄生虫病、失血性疾病或营养不良的动物，由于血浆蛋白质大大减少，可使高血浆蛋白结合率药物的血中游离药物浓度增加，一方面使药物作用增强，同时也使药物的生物转化和排泄增加，消除半衰期缩短。

4. 个体差异 产生个体差异的主要原因是动物对药物的吸收、分布、代谢和排泄的差异，其中代谢是最重要的因素。不同个体之间的酶活性可能存在很大的差异，从而造成药物代谢速率上的差异。因此，相同剂量的药物在不同个体中，有效血药浓度、作用强度和作用维持时间可产生很大差异。

个体差异除表现药物作用量的差异外，有的还出现质的差异，个别动物应用某些药物后容易产生变态反应。

（三）饲养管理和环境因素

动物机体的健康状态对药物的效应可以产生直接或间接的影响。动物的健康主要取决于饲养和管理水平。饲养方面要注意饲料营养全面，根据动物不同生长时期的需要合理调配日粮成分，以免出现营养不良或营养过剩。管理方面应考虑动物群体的大小，防止密度过大，房舍的建设要注意通风、采光和动物活动的空间，要为动物的健康生长创造良好的条件。

二、合理用药原则

合理用药原则是指充分发挥药物的疗效和尽量避免或减少可能发生的不良反应。

1. 正确诊断 任何药物合理应用的先决条件是正确的诊断，没有对动物发病过程的认识，药物治疗便是无的放矢，不但没有好处，反而可能延误诊断，耽误疾病的治疗。在明确诊断的基础上，严格掌握药物的适应证，正确选择药物。

2. 用药要有明确的指征 每种疾病都有特定的发病过程和症状，要针对患病动物的具体病情，选用药效可靠、安全、方便给药、价廉易得的药物制剂。反对滥用药物，尤其不能滥用抗菌药物。将肾上腺皮质激素当做一般的解热镇痛或者消炎药使用都属于不合理使用。对不明原因的发热、病毒性感染等随意使用抗生素也属于不合理使用。

3. 熟悉药物在动物的药动学特征 根据药物在动物体的药动学特征，制订科学的给药方案。药物治疗的错误包括选错药物，但更多的是给药方案的错误。执业兽医在给食品动物用药时，要充分利用药动学知识制订给药方案，在取得最佳药效的同时尽量减少毒副作用、避免细菌产生耐药性和导致动物性食品中的兽药残留。良好的执业兽医必须掌握在药效、毒副作用和兽药残留几方面取得平衡的知识和技术。

4. 制订周密的用药计划 根据动物疾病的病理生理学过程和药物的药理作用特点以及它们之间的相互关系，药物的疗效是可以预期的。几乎所有的药物不仅有治疗作用，也存在不良反应，临床用药必须记住疾病的复杂性和治疗的复杂性，对治疗过程做好详细的用药计划，认真观察将出现的药效和不良反应，随时调整用药计划。

5. 合理的联合用药 在确定诊断以后，兽医师的任务就是选择有效、安全的药物进行治疗，一般情况下应避免同时使用多种药物（尤其抗菌药物），因为多种药物治疗极大地增加了药物相互作用的概率，也给患病动物增加了危险。除了具有确实的协同作用的联合用药外，要慎重使用固定剂量的联合用药，因为它使执业兽医失去了根据动物病情需要去调整药物剂量的机会。

明确联合用药的目的，即增强疗效、降低毒副作用、延缓耐药性的发生。①增强疗效，如磺胺类药物与甲氧苄啶、林可霉素与大观霉素联合使用提高抗菌能力、扩大抗菌谱；青霉素类和氨基糖苷类抗生素联合使用，促进氨基糖苷类药物进入细胞，增强杀菌作用；②降低毒性和减少副作用，如磺胺药与碳酸氢钠合用，可减少磺胺药的不良反应；③对付耐药菌，如阿莫西林与克拉维酸合用可治疗耐药金黄色葡萄球菌感染。

6. 正确处理对因治疗与对症治疗的关系 一般用药首先要考虑对因治疗，但也要重视对症治疗，两者巧妙地结合将能取得更好的疗效。中医理论对此有精辟的论述："治病必求其本，急则治其标，缓则治其本"。

7. 避免动物性产品中的兽药残留 食品动物用药后，药物的原形或其代谢产物和有关杂质可能蓄积、残存在动物的组织、器官或食用产品中，这样便造成了兽药在动物性食品中的残留（简称"兽药残留"）。使用兽药必须遵守《兽药典》的有关规定，严格执行休药期（停止给药后到允许食品动物屠宰上市的时间），以保证动物性产品兽药残留不超标。

8. 疫苗免疫注意事项 各养殖场应根据本场所养殖动物种类、品系、疫病流行特点和季节变化，制订相应的疫苗免疫程序。使用疫苗前应注意：凡包装不合格、批号不清楚、不符合运输要求的生物制品不能使用。严格按照说明书和标签上的各项规定使用生物制品，不得任意改变，并详细记录制品名称、批号、使用方法和剂量等内容。接种活疫苗前1周和接种后10d，不得以任何方式或途径给予任何抗菌药物。各种活疫苗应按照制品规定的稀释液稀释后使用。活疫苗作饮水免疫时，不得使用含消毒剂的水。

三、安全使用常识

兽药使用过程中应切记以下常识：

（1）兽药的合理选择是建立在对疾病的正确诊断基础之上的，动物在发病之后，一定要迅速及时地对疾病进行准确诊断，然后才能准确选择最合适的药物进行治疗。

（2）应严格遵守兽药的标签使用原则，根据兽药的适应证选择合适的兽药制剂，并严格按照国家规定的用量与用法使用兽药，严禁超量或超疗程使用。

（3）用药过程中应准确做好各项记录，包括选用的药物、给药间隔时间、给药剂量、给药途径和疗程等。对于饮水及混饲给药，还应仔细记录动物的饮水及采食饲料情况。

（4）食品动物用药过程中应严格遵守休药期的规定，严防兽药在动物可食性组织及产品中的残留。

（5）有条件的养殖场可适当开展本场常见致病菌的敏感性调查，筛选出有效的抗菌药物。

（6）平时做好疾病预防工作，及时做好疫苗接种，做好动物舍的清扫及消毒工作。

（7）严格遵循国家及农业农村部等制定的各项规章制度，如严禁使用违禁药物，严禁将人用药品用于动物，严格遵守兽用处方药的使用及管理制度等。

四、兽药质量快速识别

1. 选购兽药时注意事项　养殖场（户）在选购兽药时，需要注意以下几个方面。

（1）如从兽药生产厂采购，应选择持有兽药生产许可证和兽药GMP合格证的正规兽药厂生产的产品。

（2）如从兽药经营店选购，应选择持有兽医行政管理部门核发的兽药经营许可证和工商部门核发的营业执照的兽药经营单位购买。

（3）如从网络购买，应检查平台是否合法，是否持有兽医行政管理部门核发的兽药经营许可证和工商部门核发的营业执照。

(4) 检查兽药产品是否有兽药产品批准文号或进口兽药登记许可证号。兽药产品批准文号有效期为5年，过期文号的产品属于假兽药。

(5) 检查兽药包装上是否印制了兽药产品的电子身份证——二维码唯一性标识。

(6) 选择农业农村部兽药产品质量通报中的合格产品，不选择农业农村部公布的非法兽药企业生产的产品及合法兽药企业确认非本企业生产的涉嫌假兽药产品。

(7) 不购买农业农村部淘汰的兽药、规定禁用的药品或尚未批准在肉鸡使用的兽药产品。

(8) 注意兽药产品的生产日期和使用期限，不要购买和使用过期的兽药产品。

(9) 不要购买和使用变质的兽药产品。

(10) 选择产品包装、标签、说明书符合国家标准规范的产品。成件的兽药产品应有产品质量合格证，内包装上附有检验合格标识，包装箱内有检验合格证。

(11) 参照广告选择兽药时，必须选择有省部级审核的广告批准文号的产品。

2. 选购兽药时应检查的内容 采购兽药时，首先要查看外包装，最为明显的就是二维码。在兽药包装上印制二维码唯一性标识，解决了兽药产品“是谁（的）＋从哪里来＋到哪里去了”的问题，通过网络、手机、识读设备等多种途径查询相关内容，以达到对兽药产品进行标识和追踪溯源，实现全国兽药产品生产出入库可记录、信息可查询、流向可追踪和责任可追查的目的。目前，正规企业生产的每一个兽药产品（瓶/袋）都有二维码，就是兽药产品的电子身份证。采购员、仓库管理员、兽医都可以使用手机、识读设备等扫描，通过网络实现与中央数据库的连接，查询兽药产品相关信息，实现兽药产品可追溯。扫描兽药二维码标识可呈现的信息包括：兽药追溯码、产品名称、批准文号、企业简称、联系电话。

外包装上除了二维码之外，还可以看到商品名称，此外要看是否标有生产许可证和兽药GMP证书编号、兽药的通用名称、产品批准文号、产品批号、有效期、生产厂名、详细地址和联系电话，是否有产品使用说明书，说明书上标注的项目是否齐全。兽药的包装、标签及说明书上必须注明以下信息：产品批准文号、注册商标、生产厂家、厂址、生产日期（或批号）、药品名称、有效成分、含量、规格、作用、用途、用法用量、注意事项、有效期等。

再就是观察兽药的外包装是否有破损、变潮、霉变、污染等现象，用瓶包装的兽药产品应检查瓶盖是否密封，封口是否严密，有无松动，有无裂缝甚至药液漏出等现象。同时应检查兽药产品的外观、性状是否有异常，如标准规定的颜色发生变化，粉剂出现不应有的结块，注射液出现絮状物沉淀等。

3. 假劣兽药的快速鉴别 根据《兽药管理条例》的规定，假、劣兽药有以下几种情形。

（1）*假兽药* 有以下情形之一的，为假兽药：①以非兽药冒充兽药或者以他种兽药冒充此种兽药的；②兽药所含成分的种类、名称与兽药国家标准不符合的。

有以下情形之一的，按假兽药处理：①国务院兽医行政管理部门规定禁止使用的；②依照《兽药管理条例》规定应当经审查批准而未经审查批准即生产、进口的，或者依照《兽药管理条例》规定应当经抽查检验、审查核对而未经抽查检验、审查核对即销售、进口的；③变质的；④被污染的；⑤所标明的适应证或者功能主治超出规定范围的。

（2）*劣兽药* 有以下情形之一的，为劣兽药：①成分含量不符合兽药国家标准或者不标明有效成分的；②不标明或者更改有效期或超过有效期的；③不标明或者更改产品批号的；④其他不符合兽药国家标准，但不属于假兽药的。

（3）检查鉴别假劣兽药时的注意事项 ①查产品批准文号。一是兽药生产企业没有获得批准，其生产的兽药产品必然没有产品批准文号；二是合法兽药生产企业没有取得批准文号或挪用其他产品批准文号，这些均作假兽药处理。②查兽药名称。兽药名称包括法定通用名称（兽药典和国家标准中载明的兽药名称）和商品名。兽药产品标签、说明书、外包装必须印制法定通用名称，有商品名的应同时印制，但商品名与通用名称的大小比例不得超过 2∶1。③查是否属于淘汰的兽药、规定禁用的药品或尚未批准在肉鸡使用的兽药产品。生产、销售淘汰的兽药、规定禁用的药品或尚未批准在肉鸡使用的兽药产品应做假兽药处理。④查兽药的有效期。超过有效期的兽药即可认定为劣兽药。⑤查产品批号。兽药产品的批号一般由年、月、日、批次组成，并一次性或激光打印或印刷，字迹清晰，无涂污修改。任何修改即可认定为劣兽药。⑥查产品规格。核查标签上标示的规格与兽药的实际是否相符，标示装量与实际装量是否相符。⑦查产品质量合格证。兽药包装内应附有产品质量合格证，无合格证的产品不得出厂，经营单位不得销售。

4. 发现假劣兽药后的投诉 为进一步加大兽药违法案件查处工作力度，2006 年 11 月 7 日，农业部通过中国农业信息网、中国兽药信息网和《农民日报》，将各省（自治区、直辖市）兽医行政管理部门兽药违法案件举报电话（表 1－1）统一向社会公布（农办医[2006] 58 号），并要求各省（自治区、直辖市）兽医行政管理部门采取多种形式，加强宣传，主动接受社会监督，做好举报电话值守，认真受理举报案件，依法查处违法行为，以净化市场，维护合法兽药企业和广大农牧民的权益。

表 1-1　全国兽药违法案件举报电话名录

序号	单位名称	举报电话
1	农业农村部畜牧兽医局	010-59192829 010-59191652（传真）
2	北京市农业局 北京市动物卫生监督所	010-82078457 010-62268093-801
3	天津市畜牧局	022-28301728
4	河北省畜牧兽医局	0311-85888183
5	山西省兽药监察所	0351-6264649（传真）
6	内蒙古自治区农牧业厅	0471-6262583；6262652
7	辽宁省动物卫生监督管理局	024-23448298；23448299
8	吉林省牧业管理局	0431-2711103；8906641
9	黑龙江省畜牧兽医局	0451-82623708
10	河南省畜牧局	0371-65778775
11	湖北省畜牧局	027-87272217
12	江西省畜牧兽医局	0791-85000985
13	湖南省畜牧水产局	0731-8881744
14	福建省农业厅畜牧兽医局	0591-87816848
15	安徽省农业委员会畜牧局	0551-2650644
16	上海市兽药饲料监督管理所	021-52164600
17	山东省畜牧办公室	0531-87198085
18	江苏省兽药监察所	025-86263243；86263659
19	浙江省畜牧兽医局	12316
20	广东省农业厅畜牧兽医办公室	020-37288285
21	广西壮族自治区水产畜牧局	0711-2814577
22	海南省畜牧兽医局	0898-65338096
23	重庆市农业局	023-89016190；89183743
24	云南省畜牧兽医局	0871-5749513
25	贵州省畜牧局	0851-5287855；5286424
26	四川省畜牧食品局	028-85561023
27	陕西省畜牧兽医局	029-87335754

（续）

序号	单位名称	举报电话
28	甘肃省农牧厅	0931－8834403
29	青海省农牧厅畜牧兽医局	0971－6125442
30	宁夏回族自治区兽药饲料监察所	0951－5045719
31	新疆维吾尔自治区畜牧兽医局	0991－8565454
32	西藏自治区农牧厅办公室	0891－6322297

发现假劣兽药后，可以拨打上述电话或亲自到上述部门举报，也可向所在地市、县兽医行政管理部门举报。

第三节　肉鸡用药选择

一、肉鸡的生物学特点

目前我国饲养的肉鸡品种主要分为两大类型。一类是快大型白羽肉鸡（一般称之为肉鸡），另一类是黄羽肉鸡（一般称之为黄鸡，也称优质肉鸡）。快大型肉鸡的主要特点是生长速度快，饲料转化效率高。黄羽肉鸡与快大型肉鸡的主要区别是生长速度慢，饲料转化效率低，但适应性强，容易饲养，鸡肉风味品质好。总体来讲，肉鸡具有以下生物学特点：

（1）体温高，代谢旺盛　鸡的体温是41.5℃，每分钟脉搏可达200～300次。鸡的基础代谢高于其他动物。

（2）生长迅速、饲料利用率高　白羽肉鸡43d可达2.5kg以上，料肉比1.8∶1，胸肉率19.6%。

（3）繁殖潜力大、繁殖速度快　高产蛋鸡年产蛋为300枚左右，如有70%成为小鸡，则每只母鸡一年可获得200个小鸡，繁殖速度很快。雄雌配比1∶10～1∶40；公鸡的精子活力强，一般在母鸡输卵管内可以存活5～10d。受精卵，体外孵化，可保存7～20d。

(4) 对饲料营养的要求高　①鸡产品（肉、蛋）所含的营养物质非常丰富，要保证鸡的高生产力，必须提供含有丰富营养物质的饲料；②鸡的消化能力较差，消化道短，对粗纤维的消化能力差，这就要求鸡饲料中必须以精饲料为主，不能含有太多的粗饲料；③在舍饲笼养时，鸡的营养全部来自饲料。

(5) 对环境变化敏感　①神经类型比较敏感；②光照强烈影响繁殖（产蛋）；③环境温度、通风换气、有害气体浓度等影响生理状况和生产性能。

(6) 抗病能力差　①鸡的肺脏很小，连接很多气囊，这些气囊充斥于体内各个部位，甚至进入骨腔中，通过空气传播的病原体可以沿呼吸道进入肺和气囊，从而进入体腔、肌肉、骨骼之中；②鸡没有横膈膜，腹腔感染很容易传至胸部的器官；③鸡没有淋巴结，这等于缺少阻止病原体在机体内通行的关卡；④鸡的生殖孔与排泄孔都开口于泄殖腔，产出的蛋经过泄殖腔，容易受到污染。

(7) 群居性强，适合密集饲养　鸡有合群性，适应高密度、机械化饲养。只要条件适宜，鸡在狭窄的笼子里高密度饲养，仍表现出很高的生产性能。鸡的粪便与尿液比较浓稠，饮水少，这给高密度饲养管理带来了有利条件。

二、肉鸡用药的给药方法

肉鸡生产中应用的兽药可以分为三类：治疗、预防和促生长。

治疗用兽药主要用于治疗或治愈临床上可诊断的疾病。由于病鸡可能无法进食，治疗用药物通常通过饮水给药。然而，在某些环境或疾病状况下，可能需要通过拌料给药，或拌料和饮水同时给药。

预防用兽药主要用于预防疾病，主要在鸡群出现临床症状之前给药。给药途径根据治疗时程和月龄而定。在肉鸡生产中，群体健康可以追溯到孵化场。在孵化场里，来自不同种群的蛋混合在一起，每个鸡蛋的疾病和微生物状态可能影响到其他同时孵化的鸡雏。当确认微生物污染升高与来自特定饲养场的鸡蛋有关时，可以通过蛋内或皮下（1 日龄雏鸡）注射抗菌药，直到污染源确定并消除。预防用兽药的其他给药途径还包括内服、饮水或混饲。

促生长用抗菌药物，其应用争议最大。在过去和现在，促生长用抗菌药物都只通过混饲给药。由于具有明显的促生长作用，如提高饲料利用率及生长率，很多抗菌药首先被批准用于肉鸡。促生长带来的经济效益远大于药物成本。然而，抗菌药用于肉鸡促生长可能导致细菌耐药性问题以及对人类健康的危害，受到越来越多的关注，因此，许多地区都已经立法强制或自愿地停止了抗菌药用于肉鸡促生长。与此同时，很多抗菌药的促生长作用被认为是通过控制和预防亚临床的肠道疾病而实现的。在有些情况下，这类抗菌药还可能是已批准的临床治疗用药物。然而，促生长剂量一般低于治疗剂量。

对于肉鸡用的抗菌药，治疗、预防和促生长之间的界限并不明显。肉鸡执业兽医面临的问题是如何根据群体做出治疗决定，个体治疗往往是不可能或不现实的。由于不是所有的肉鸡都出现临床症状，抗菌药的使用对一部分肉鸡属于治疗，而对另一部分则是预防。更为复杂的问题是，促生长用抗菌药主要作用是杀灭或抑制致病原（如细菌或球虫）的生长。尽管对与使用抗菌药物有关的促生长作用真实作用模式还存在争议，但其有效的作用是毫无疑问。

1. 混饲给药 将药物预混剂均匀混入饲料中，让肉鸡吃料时能同时吃进药物。一些非水溶性药物常采用此法。应用混饲给药时，应注意药物与饲料的混合必须均匀，特别是对易产生不良反应的药物（如马度米星、磺胺类药物等）。这样才能保证饲喂时，肉鸡都能摄入大致等量的药物。

2. 混饮给药 将药物可溶性粉溶解于水中，让肉鸡自由饮用。

此法特别适用于肉鸡因病不能食料、但还能饮水的情况。一般应计算好全群肉鸡的总剂量，按全天30%～40%的饮水量加药物可溶性粉，用药前先停水2～3h，让鸡在3～4h内饮完，稳定性较差的药物（如阿莫西林、多西环素等）要在1～2h内饮完。

3. 气雾给药 是防治呼吸道疾病的有效给药方法。要求：①所用药物必须是水溶性的，且对肉鸡呼吸道无刺激性；②雾滴要求，防治上呼吸道病时直径以10～30μm为宜；防治全身感染、深部感染时要求直径为0.5～5μm。

4. 肌内注射 肉鸡常用肌内注射部位为翼根内侧肌肉和胸部肌肉。可将肉鸡一侧翅向外移动，即露出翼根内侧肌肉，可将药物注入该部位肌肉。肉鸡胸部肌肉呈三角形，靠前和靠中的肌肉都较厚，故在注射时应选在胸肌的中部（即龙骨的近旁），针头不要与肌肉表面呈垂直方向刺入，插入不宜太深。肌内注射的优点是药物吸收速度较快，药物作用的达峰时间也较稳定。肌内注射时，对已发病鸡群要一只鸡使用一个针头，避免交叉感染。

三、肉鸡用药的注意事项

针对肉鸡用药，应当根据肉鸡的生理特点和生物学特征合理用药，主要应注意如下几点：

1. 根据鸡的生理特点用药 鸡无汗腺，因而用解热镇痛药抗热应激的效果不好；鸡缺乏充分的胆碱酯酶储备，对抗胆碱酶药（如有机磷）非常敏感，故驱除线虫宜选左旋咪唑，不能用敌百虫作驱虫药内服，即使外用也应十分注意，以免中毒；肉鸡肾小球结构简单，有效过滤面积小，对肌内注射后主要通过肾排泄的庆大霉素、链霉素等较敏感；鸡对氯化钠较为敏感，饲料中添加超过0.5%的食盐易引起不良反应，小鸡饮用0.9%食盐水可在5d内100%死亡。

2. 选择最佳的给药方案 给药方案包括药物选择、剂量、途径、给药时间间隔和疗程。给药途径不同，主要影响生物利用度和药效出现的快慢。除根据疾病治疗需要选择给药途径外，还应根据药物的性质，如氨基糖苷类抗生素内服几乎不吸收，进行全身治疗时必须注射给药。肉鸡由于集约化饲养，数量巨大，注射给药要消耗大量人力、物力，也容易引起应激反应，所以药物多用混饲或混饮的群体给药方法。这时必须注意保证每个个体都能获得充足的剂量，又要防止一些个体摄入量过多而产生中毒，还要根据不同气候、疾病发生过程及动物摄入饲料或饮水量的不同，适当调整药物的浓度。

大多数药物治疗疾病时必须重复给药。确定给药的时间间隔，主要根据药物的消除半衰期。一般情况需要维持血中的最低有效浓度，尤其抗菌药物要求血中浓度高于最小抑菌浓度（MIC）。但近年来对抗菌药的研究发现，抗菌药物对微生物的作用表现为两种类型：一类为浓度依赖性，如氟喹诺酮类药物、氨基糖苷类抗生素等，其抗菌效果取决于血中的药物浓度，浓度越高，杀菌作用越强，恩诺沙星的血药浓度高于病原体的 MIC 8～10 倍时可达到最佳药效。另一类为时间依赖性，如 β-内酰胺类抗生素等，其效果取决于血药浓度大于 MIC 的持续时间（T＞MIC），这类药物的给药方案必须维持一定的给药频率以保持血药浓度高于 MIC 的时间占整个给药间隔超过 50％以上，疗效可达 85％以上。研究认为，根据不同的药物、病原和感染部位的特点，在大部分的给药间隔时间里，血药浓度保持在 MIC 的 1～5 倍是比较合适的。

有些药物给药一次即可奏效，如解热镇痛药等，但大多数药物必须按一定的剂量和时间多次给药，才能达到治疗效果，称为疗程。抗菌药物更要求有充足的疗程才能保证稳定的疗效，避免产生耐药性，不能给药 1～2 次出现药效立即停药。例如，抗生素一般要求 2～3d 为一疗程，磺胺类药则要求 3～5d 为一疗程；有些病原微生物的感染也要求较长的疗程，如鸡毒支原体感染往往需要 5～7d 为一疗程。

3. 遵守休药期规定，防止药物残留 尽量选择残留期短的药物，避免药物残留，禁用毒性较大的药物，避免毒副作用，如喹乙醇等。

第四节 兽药管理法规与制度

一、兽药管理法规和标准

1. 兽药管理法规 我国第一个《兽药管理条例》（以下简称《条例》）是1987年5月21日由国务院发布的，它标志着我国兽药法制化管理的开始。《条例》自1987年发布以来，在2001年进行了第一次修订，为适应我国加入WTO的形势，2004年进行了全面修改，并于2004年3月24日经国务院令第404号发布并于2004年11月1日起实施。根据《国务院关于修改部分行政法规的决定》，现行《条例》于2014年7月29日再次修订，2016年2月6日进行了第三次修订。

为保障《条例》的实施，农业部发布的配套规章有：《兽药注册办法》《处方药和非处方药管理办法》《生物制品管理办法》《兽药进口管理办法》《兽药生产管理规范》《兽药经营质量管理规范》《兽药非临床研究质量管理规范》和《兽药临床试验质量管理规范》等。

2. 兽药标准《兽药典》 《条例》第四十五条规定："国家兽药典委员会拟定的、国务院兽医行政管理部门发布的《兽药典》和国务院兽医行政管理部门发布的其他兽药标准为兽药国家标准"。

根据《中华人民共和国标准化法实施条例》，兽药标准属强制性标准。《兽药典》是国家为保证兽药产品质量而制定的具有强制约束力的技术法规，是兽药生产、经营、进出口、使用、检验和监督管理部门共同遵守的法定依据。它不仅对我国的兽药生产具有指导作用，而且是兽药监督管理和兽药使用的技术依据，也是保障动物源性食品安全的基础。《兽药典》先后有1990年、2000年、2005年、2010年、2015年共五版。

农业部第1960号公告发布实施了《兽药国家标准》（化学药品卷、中药卷）。化学药品卷收载品种共219种；中药卷收载药材、制剂与提取物品种共124种。本标准收载的品种主要来自历版《兽药规范》、历版《兽药典》、《兽药质量标准》（2003年）、《兽药质量标准》（2006年）及农牧发〔1993〕7号（蜂用药）等，但未收载在现行版《兽药典》的品种。

二、兽药管理制度

1. 兽药监督管理机构 兽药监督管理主要包括兽药国家标准的发布、兽药监督检查权的行使、假劣兽药的查处、原料药和处方药的管理、上市后兽药不良反应的报告、生产许可证和经营许可证的管理、兽药评审程序及兽医行政管理部门、兽药检验机构及其工作人员的监督等。根据新《条例》的规定，国务院兽医行政管理部门负责全国的兽药监督管理工作。县级以上地方人民政府兽医行政管理部门负责本行政区域内的兽药监督管理工作。

水产养殖动物的兽药使用、兽药残留检测和监督管理以及水产养殖过程中违法用药的行政处罚，由县级以上人民政府渔业行政主管部门及其所属的渔政监督管理机构负责。但水产养殖业的兽药研制、生产、经营、进出口仍然由兽医行政管理部门管理。

2. 兽药注册制度 兽药注册制度，指依照法定程序，对拟上市销售的兽药的安全性、有效性、质量可控性等进行系统评价，并做出是否同意进行兽药临床或残留研究、生产兽药或者进口兽药决定的审批过程，包括对申请变更兽药批准证明文件及其附件中载明内容的审批制度。

兽药注册包括新兽药注册、进口兽药注册、变更注册和进口兽药再注册。境内申请人按照新兽药注册申请办理，境外申请人按照进口兽药注册和再注册申请办理。新兽药注册申请，指未曾在中国境内上市销售的兽药的注册申请。进口兽药注册申请，指在境外生产的兽药在中国上市销售的注册申请。变更注册申请，指新兽药注册、进口兽药注册经批准后，改变、增加或取消原批准事项或内容的注册申请。

3. 标签和说明书要求 对兽药使用者而言，除了《兽药典》规定内容以外，产品的标签和说明书也是正确使用兽药必须遵循的有法定意义的文件。《条例》规定了一般兽药和特殊兽药在包装标签和说明书上的内容。兽药包装必须按照规定印有或者贴有标签并附有说明书，并必须在显著位置注明“兽用”字样，以避免与人用药品混淆。凡在中国境内销售、使用的兽药，其包装标签及所附说明书的文字必须以中文为主，提供兽药信息的标志及文字说明应当字迹清晰易辨，标示清楚醒目，不得有印字脱落或粘贴不牢等现象。

兽药标签和说明书必须经国务院兽医行政管理部门批准才能使用。兽药标签或者说明书必须载明：①兽药的通用名称，即兽药国家标准中收载的兽药名称。通用名称是药品国际非专利名称（INN）的简称，通用名称不能作为商标注册。标签和说明书不得只标注兽药的商品名。按照国务院兽医行政管理部门的有关规定，兽药的通用名称必须用中文显著标示。②兽药的成分及其含量。兽药标签和说明书上应标明兽药的成分和含量，以满足兽医和使用者的知情权。③兽药规格，便于兽医和使用者计算使用剂量。④兽药的生产企业。⑤兽药批准文号（进口兽药注册证号）。⑥产品批号，以便对出现问题的兽药溯源检查。⑦生产日期和有效期。兽药有效期是涉及兽药效能和使用安全的标识，必须按规定在兽药标签和说明书上予以标注。⑧适应证或功能主治、用法、用量、禁忌、不良反应和注意事项等涉及兽药使用须知、保证用药安全有效的事项。

特殊兽药的标签必须印有规定的警示标志。为了便于识别，保证用药安全，对麻醉药品、精神药品、毒性药品、放射性药品、外用药品、非处方兽药，必须在包装、标签的醒目位置和说明书中注明，并印有符合规定的标志。

4. 兽药广告管理 《条例》规定，在全国重点媒体发布兽药广告的，须经国务院兽医行政管理部门审查批准，取得兽药广告审查批准文号。在地方媒体发布兽药广告的，应当经当地省（自治区、直辖市）人民政府兽医行政管理部门审查批准，取得兽药广告审查批准文号。未取得兽药广告审查批准文号的，属于非法兽药广告，不得发布或刊登。

《条例》还规定，兽药广告的内容应当与兽药说明书的内容相一致。兽药的说明书包含有关兽药的安全性、有效性等基本科学信息。主要包括：兽药名称、性状、药理毒理、药物动力学、适应证、用法与用量、不良反应、禁忌证、注意事项、有效期限、批准文号、生产企业等方面的内容。

兽药广告的内容是否真实，对正确地指导养殖者合理用药、安全用药十分重要，直接关系到动物的生命安全和人体健康。因此，兽药广告的内容必须真实、准确、对公众负责，不允许有欺骗、夸大情况。夸大的广告宣传不但会误导经营者和养殖户，而且延误动物疾病的治疗。

三、兽用处方药与非处方药管理制度

兽药是用于预防、治疗、诊断动物疾病或者有目的地调节动物生理机能的特殊商品。合理使用兽药，可以有效防治动物疾病，促进养殖业的健康发展；使用不当、使用过量或违规使用，将会造成动物或动物源性产品质量安全风险。因此，加强兽药监管，实施兽用处方药和非处方药分类管理制度十分必要。同时，将兽药按处方药和非处方药分类管理，有利于促进我国兽药管理模式与国际通行做法接轨。此外，《条例》第四条规定："国家实行兽用处方药和非处方药分类管理制度"，从法律上明确了该管理制度的合法性和必要性。

根据兽药的安全性和使用风险程度，将兽药分为兽用处方药和非处方药。兽用处方药是指凭兽医处方笺才可购买和使用的兽药。兽用非处方药是指不需要兽医处方笺即可自行购买并按照说明书使用的兽药。对安全性和使用风险程度较大的品种，实行处方管理，在执业兽医指导下使用，减少兽药的滥用，促进合理用药，提高动物源性产品质量安全。

根据农业部令 2013 年第 2 号，《兽用处方药和非处方药管理办法》（以下简称《办法》）于 2014 年 3 月 1 日起施行。办法涉及目的、分类、管理部门、标识、生产、经营、买卖、处方、使用和罚则等 10 个方面的条款共 18 条。《办法》主要确立了以下 5 种制度：

一是兽药分类管理制度。将兽药分为处方药和非处方药，兽用处方药目录的制定及公布，由农业部负责。

二是兽用处方药和非处方药标识制度。按照《办法》的规定，兽用处方药、非处方药须在标签和说明书上分别标注"兽用处方药""兽用非处方药"字样。

三是兽用处方药经营制度。兽药经营者应当在经营场所显著位置悬挂或者张贴"兽用处方药必须凭兽医处方购买"的提示语，并对兽用处方药、兽用非处方药分区或分柜摆放。兽用处方药不得采用开架自选方式销售。

四是兽医处方权制度。兽用处方药应当凭兽医处方笺方可买卖，兽医处方笺由依法注册的执业兽医按照其注册的执业范围开具。但进出口兽用处方药或者向动物诊疗机构、科研单位、动物疫病预防控制机构等特殊单位销售兽用处方药的，则无需凭处方买卖。同时，《办法》还对执业兽医处方笺的内容和保存作了明确规定。

五是兽用处方药违法行为处罚制度。对违反《办法》有关规定的，明确了适用《兽药管理条例》予以行政处罚的具体条款。

四、不良反应报告制度

不良反应是指在按规定用法与用量正常应用兽药的过程中产生的与用药目的无关或意外的有害反应。不良反应与兽药的应用有因果关系，一般停止使用兽药后即会消失，有的则需要采取一定的处理措施才会消失。

《条例》规定，“国家实行兽药不良反应报告制度。兽药生产企业、经营企业、兽药使用单位和开具处方的兽医人员发现可能与兽药使用有关的严重不良反应，应当立即向所在地人民政府兽医行政管理部门报告”。首次以法律的形式规定了不良反应的报告制度。

有些兽药在申请注册或者进口注册时，由于科学技术发展的限制或者人们认识水平的限制，当时没有发现对环境或者人类有不良影响，在使用一段时间后，该兽药的不良反应才被发现，这时，就应当立即采取有效措施，防止这种不良反应的扩大或者造成更严重的后果。为了保证兽药的安全、可靠，最终保障人体健康，在使用兽药过程中，发现某种兽药有严重的不良反应，兽药生产企业、经营企业、兽药使用单位和开具处方的兽医师有义务向所在地兽医行政主管部门及时报告。

目前，我国尚未建立切实可行的不良反应报告制度，这不利于兽药的安全使用。

第二章 肉鸡常用药物

第一节 抗菌药物

抗微生物药是指对细菌、真菌、支原体、立克次体、衣原体、螺旋体和病毒等病原微生物具有抑制或杀灭作用的一类化学物质，包括抗生素、人工合成抗菌药、抗真菌药和抗病毒药等。这类药物对病原微生物具有明显的选择性作用，对动物机体没有或仅有轻度的毒性作用，称化学治疗药（还包括抗寄生虫药、抗肿瘤药等）。为了方便，也有把抗生素和合成抗菌药简称为抗生素和抗菌药。

【抗菌谱】 抗菌药对一定范围的病原菌具有抑制或杀灭作用，称为抗菌谱。仅对革兰氏阳性或革兰氏阴性菌产生作用的称窄谱抗生素，如青霉素主要作用于革兰氏阳性菌，链霉素主要作用于革兰氏阴性菌。除对细菌具有作用外，对支原体、衣原体或立克次体等也具有抑制作用的称为广谱抗生素，如四环素类、酰胺醇类等。许多半合成抗生素和人工合成的抗菌药具广谱抗菌作用。抗菌谱是兽医临床选用抗菌药物的基础。

【抗菌活性】 抗菌活性是指抗菌药抑制或杀灭病原菌的能力。不同种类抗菌药的抗菌活性有所差异，这也表明各种病原菌对不同的抗菌药物具有不同的敏感性。药物的抗菌活性或病原菌敏感性一般是通过体外的方法进行测定，测定方法有稀释法（包括试管法、微量法、平板法等）和扩散法（如纸片法）等。稀释法可以测定抗菌药的最小抑菌浓度（minimal inhibitory concentration，MIC）和最小杀菌浓度（minimal bactericidal concentration，MBC），是一种比较准确的方法。纸片法比较简便，通过测定抑菌圈直径的大小来判定病原菌对药物的敏感性，这种方法应用比较广泛，但只能定性和半定量，由于影响结果的因素较多，故应力求做到材料和方法的标准化。兽医临床在选用抗菌药之前，一般均应做药敏试验，以选择对病原菌敏感的药物，预期取得最好的治疗效果。

根据抗菌活性的强弱，临床把抗菌药分为抑菌药和杀菌药，抑菌药是指仅能抑制病原菌生长繁殖而无杀灭作用的药物，如四环素类、酰胺醇类和磺胺类等。杀菌药是指具有杀灭病原菌作用的药物，如内酰胺类、氨基糖苷类和氟喹诺酮类等。但是，抗菌药的抑制作用和杀灭作用不是绝对的，有些抑菌药在高浓度时也可表现为杀菌作用，而杀菌药在低浓度时也仅有抑菌作用的。

【耐药性】耐药性又称抗药性。病原微生物的耐药性分为天然耐药性和获得耐药性两种，前者属细菌的遗传特性，例如铜绿假单胞菌对大多数抗生素均不敏感。获得耐药性，即通常所指的耐药性，是指病原菌在体内外反复接触抗菌药后产生了结构或功能的变异，成为对该抗菌药具有抗性的菌株，尤其在药物浓度低于 MIC 水平时更容易形成耐药菌株，对抗菌药的敏感性下降，甚至消失。某种病原菌对一种抗菌药产生耐药性后，往往对结构或作用机理相似的抗菌药也具有耐药性，这种现象称为交叉耐药性，例如对一种磺胺药产生耐药性后，对其他磺胺药也都有耐药性，所以，在临床轮换使用抗菌药时，应选择不同类型的药物。病原菌对抗菌药产生耐药性是兽医临床和食品安全的一个严重问题，不合理使用和滥用抗菌药是耐药性流行的重要原因。

【合理使用】抗菌药是目前我国兽医临床使用最广泛的一类药物，

对控制畜禽的感染性疾病和保证养殖业的持续发展起着重大的作用。但目前不合理使用尤其滥用抗菌药的现象较为严重，不仅造成药品的浪费、增加生产成本，而且导致细菌耐药性扩散和动物源性食品的抗菌药残留，给公共卫生和人的健康带来严重的不良后果。因此，合理使用抗菌药是必须引起广泛关注的问题。除了遵循第一章的合理用药原则外，还应根据病原和抗菌药的特点，临床用药时注意掌握如下原则：

1. 根据抗菌谱和适应证选用抗菌药 在病原菌确定的情况下，尽量选择窄谱抗生素，例如革兰氏阳性菌感染可选择青霉素类、大环内酯类或第一代头孢菌素等；革兰氏阴性菌感染则应选择氨基糖苷类等。如果病原不明、混合感染或并发感染，则可选用广谱抗菌药或合用抗菌药，例如支原体和大肠杆菌合并感染可选择四环素类、氟喹诺酮类，或合用林可霉素与大观霉素等。为了正确选药，应在用药前做药敏试验。

2. 根据药动学特性选用药物 防治消化道感染时，为使药物在消化道有较高的浓度，应选择不吸收或难吸收的抗菌药，如氨基糖苷类、氨苄西林、磺胺脒等；在泌尿道感染时，应选择主要以原形从尿液排出的抗菌药，如青霉素类、链霉素、土霉素和氟苯尼考等；在呼吸道感染时，宜选择容易吸收或在肺组织有选择性分布的抗菌药，例如达氟沙星、阿莫西林、替米考星、氟苯尼考等。

3. 准确的剂量和疗程 为了抑制和杀灭病原微生物，要求抗菌药在患病动物体内达到有效的血药浓度和维持一定的时间，一般要求血药浓度大于 MIC，研究发现浓度依赖性的氟喹诺酮类 MIC 达 8～10 倍时疗效最佳。杀菌药以 2～3d 为一疗程，抑菌药尤其磺胺类一般疗程要有 3～5d，每天的用药次数和给药间隔时间应按《指南》的规定才能达到较好疗效和避免产生耐药性。切忌疾病稍有好转或体温下降就停用抗菌药，导致疾病复发或诱发产生耐药性。

4. 正确联用抗菌药 目前已有多种很好的广谱抗菌药，一般情况下应用一种抗菌药便可达到治疗目的，不应轻易合用。但在严重的混合感染或病原未明的危急病例，在用一种抗菌药无法控制病情时，在兽医师指导下，可以适当联合用药，以求获得协同作用，扩大抗菌范围，或防止产生耐药性。联合用药时，一般使用两种药物即可，没有必要合用三种以上抗菌药物，不仅不能增强治疗作用，还可能使毒性增加。

为了获得联合应用抗菌药的协同作用，必须根据抗菌药的作用特性和机理进行选择和组合。目前，抗菌药一般按作用特性分为四大类：第一类为繁殖期杀菌剂，如青霉素类和头孢菌素类；第二类为静止期杀菌剂，如氨基糖苷类和多黏菌素等；第三类为速效抑菌剂，如四环素类、大环内酯类和酰胺醇类等；第四类为慢效抑菌剂，如磺胺类等。第一类与第二类合用常可获得协同作用，如青霉素与链霉素合用，前者使细菌细胞壁的完整性破坏，使后者更易进入菌体内发挥作用。第一类与第三类合用则可出现颉颃作用，如青霉素与四环素合用，由于后者使细菌蛋白质合成迅速受抑制，细菌进入静止状态，青霉素便不能发挥抑制细胞壁合成的作用。第四类对第一类可能无明显影响，第二类与第三类合用常表现为相加作用或无关作用，也有颉颃作用的报道。联合用药也可能出现毒性的协同作用或相加作用，所以在临床上要认真考虑联合用药的利弊，不要盲目组合，得不偿失。

一、抗生素

（一）β-内酰胺类

1. 青霉素类

·青　霉　素·

青霉素属杀菌性抗生素，能抑制细菌细胞壁黏肽的合成，对生长繁殖期细菌敏感，对非生长繁殖期的细菌不起杀菌作用。临床上应避免将青霉素与抑制细胞生长繁殖的速效抑菌剂（如氟苯尼考、四环素类、红霉素等）合用。主要敏感菌有葡萄球菌、链球菌、棒状杆菌、破伤风梭菌、放线菌、炭疽芽孢杆菌和螺旋体等。对支原体、衣原体、立克次体、诺卡菌、真菌和病毒均不敏感。

【药物相互作用】（1）与氨基糖苷类呈现协同作用。

（2）大环内酯类、四环素类和酰胺醇类等速效抑菌剂对青霉素的杀菌活性有干扰作用，不宜合用。

（3）重金属离子（尤其是铜、锌、汞）、醇类、酸、碘、氧化剂、还原剂、羟基化合物，呈酸性的葡萄糖注射液或盐酸四环素注射液等可破坏青霉素的活性，禁止配伍。

（4）胺类与青霉素可形成不溶性盐，可以延缓青霉素的吸收，如普鲁卡因青霉素。

（5）青霉素钠水溶液与一些药物溶液（如盐酸林可霉素、酒石酸去甲肾上腺素、盐酸土霉素、盐酸四环素、B族维生素及维生素C）不宜混合，否则可产生混浊、絮状物或沉淀。

·注射用青霉素钠·

【作用与用途】β-内酰胺类抗生素。主要用于革兰氏阳性菌感染，亦用于放线菌及钩端螺旋体等感染。

【用法与用量】以青霉素钠计。肌内注射：一次量，每千克体重5万U，每日2～3次，连用2～3d。

【不良反应】暂无。

【注意事项】（1）青霉素钠易溶于水，水溶液不稳定，易水解，应临用前加灭菌注射用水溶解配制。必须保存时应置冰箱中（2～8℃），可保存7d，室温只能保存24h。

（2）应了解与其他药物的相互作用和配伍禁忌，以免影响青霉素的药效。

（3）大剂量注射可能出现高血钠症，对肾功能减退或心功能不全者会产生不良后果。

【休药期】 0d。

·注射用青霉素钾·

【作用与用途】【用法与用量】【不良反应】【注意事项】【休药期】 同注射用青霉素钠。

·氨 苄 西 林·

氨苄西林具有广谱抗菌作用，对青霉素酶敏感，故对耐青霉素的金黄色葡萄球菌无效。对革兰氏阴性菌如大肠杆菌、变形杆菌、沙门氏菌、嗜血杆菌和巴氏杆菌等有较强的作用，对铜绿假单胞菌不敏感。

【药物相互作用】（1）与下列药物有配伍禁忌：琥乙红霉素、乳糖酸红霉素、盐酸土霉素、盐酸四环素、盐酸金霉素、硫酸卡那霉素、硫酸庆大霉素、硫酸链霉素、盐酸林可霉素、硫酸多黏菌素 B、氯化钙、葡萄糖酸钙、B 族维生素、维生素 C 等。

（2）本品与氨基糖苷类合用，可提高后者在菌体内的浓度，呈现协同作用。

（3）大环内酯类、四环素类和酰胺醇类等快效抑菌剂对本品的杀菌作用有干扰作用，不宜合用。

·氨苄西林钠可溶性粉·

【作用与用途】 β-内酰胺类抗生素。用于对氨苄西林敏感菌感染。

【用法与用量】 以氨苄西林计。混饮：每升水 60mg。

【不良反应】暂无。

【注意事项】对青霉素酶敏感，对青霉素耐药的革兰氏阳性菌感染不宜应用。

【休药期】7d。

·复方氨苄西林·

为氨苄西林与海他西林（4∶1）的复方。

【作用与用途】用于敏感革兰氏阳性菌和阴性菌引起的感染。

【用法与用量】以氨苄西林计。片剂，内服：一次量，每千克体重20～50mg，每日1～2次。可溶性粉剂，内服：一次量，每千克体重20～50mg，每日1～2次。

【休药期】7d。

·阿 莫 西 林·

抗菌谱及抗菌活性与氨苄西林基本相同，对全身性感染的疗效较好。适用于敏感菌所致的呼吸系统、泌尿系统、皮肤及软组织等全身感染。与克拉维酸合用可提高前者对耐药葡萄球菌感染的疗效。

【药物相互作用】参见氨苄西林。

·阿莫西林可溶性粉·

本品为阿莫西林与无水葡萄糖配制而成。

【作用与用途】β-内酰胺类抗生素。主要用于敏感的革兰氏阳性球菌和革兰氏阴性菌感染。

【用法与用量】以阿莫西林计。内服：一次量，每千克体重20～30mg，每日2次，连用5d。混饮：每升水60mg，连用3～5d。

【不良反应】对胃肠道正常菌群有较强的干扰作用。

【注意事项】(1) 对青霉素耐药的革兰氏阳性菌感染不宜使用。

(2) 饮水时应现配现用。

【休药期】7d。

·复方阿莫西林·

为阿莫西林与克拉维酸钾 (4∶1) 的复方。

【作用与用途】β-内酰胺类抗生素。用于鸡青霉素敏感菌引起的感染。

【用法与用量】以本品计。可溶性粉剂，混饮：每升水 500mg，每日 2 次，连用 3～7d。

【注意事项】水溶液不稳定，应现配现用。

【休药期】7d。

2. 头孢菌素类

·头孢噻呋·

头孢噻呋具有广谱杀菌作用，对革兰氏阳性菌、革兰氏阴性菌(包括产β-内酰胺酶菌) 均有效。敏感菌主要有多杀性巴氏杆菌、溶血性巴氏杆菌、胸膜肺炎放线杆菌、沙门氏菌、大肠埃希菌、链球菌、葡萄球菌等，某些铜绿假单胞菌、肠球菌耐药。本品抗菌活性比氨苄西林强，对链球菌的活性比氟喹诺酮类强。

【药物相互作用】与青霉素、氨基糖苷类药物合用有协同作用。

·注射用头孢噻呋·

【作用与用途】β-内酰胺类抗生素。主要用于革兰氏阳性球菌和革兰氏阴性菌感染，如大肠杆菌、沙门氏菌感染等。

【用法与用量】皮下注射：1 日龄雏鸡，每羽 0.1mg。

【注意事项】对肾功能不全动物应调整剂量。现配现用，临用前以注射用水溶解。

【休药期】暂不规定。

·注射用头孢噻呋钠·

【作用与用途】【用法与用量】【注意事项】【休药期】同注射用头孢噻呋。

（二）氨基糖苷类

·硫酸卡那霉素·

抗菌谱与链霉素相似，但作用稍强。对大多数革兰氏阴性杆菌有强大抗菌作用，如大肠杆菌、变形杆菌、沙门氏菌和多杀性巴氏杆菌等，对金黄色葡萄球菌和结核杆菌也较敏感。铜绿假单胞菌、革兰氏阳性菌（金黄色葡萄球菌除外）、立克次体、厌氧菌和真菌等对本品耐药。敏感菌易产生耐药。与新霉素存在交叉耐药性，与链霉素存在单向交叉耐药性。大肠杆菌及其他革兰氏阴性菌常出现获得性耐药。内服用于治疗敏感菌所致的肠道感染。肌内注射用于敏感菌所致的各种严重感染，如败血症、泌尿生殖道感染、呼吸道感染等。

【药物相互作用】（1）与青霉素类或头孢菌素类合用有协同作用。

（2）在碱性环境中抗菌作用增强，与碱性药物（如碳酸氢钠、氨茶碱等）合用可增强抗菌效力，但毒性也相应增强。当 pH 超过 8.4 时，抗菌作用反而减弱。

（3）Ca^{2+}、Mg^{2+}、Na^{+}、NH_4^{+} 和 K^{+} 等阳离子可抑制药物的抗菌活性。

（4）与头孢菌素、右旋糖酐、强效利尿药（如呋塞米等）、红霉素等合用，可增强药物的耳毒性。

·单硫酸卡那霉素可溶性粉·

【作用与用途】 氨基糖苷类抗生素。用于治疗鸡敏感菌所致的肠道感染。

【用法与用量】 以单硫酸卡那霉素计。混饮：每升水 60～120mg（6 万～12 万 U），连用 3～5d。

【不良反应】（1）具有肾毒性、耳毒性和神经肌肉阻断作用，与红霉素等联合可能会增强本类药物的毒性。

（2）Ca^{2+}、Mg^{2+}、Na^{+}、NH_4^{+}、K^{+} 等阳离子可抑制氨基糖苷类的抗菌活性，药敏试验时应注意控制培养基中的阳离子浓度。

【注意事项】 本品与其他氨基糖苷类药物存在交叉耐药。

【休药期】 28d；弃蛋期 7d。

·硫酸新霉素·

抗菌谱与卡那霉素相似。对大多数革兰氏阴性杆菌如大肠杆菌、变形杆菌、沙门氏菌和多杀性巴氏杆菌等有强大抗菌作用，对金黄色葡萄球菌也较敏感。铜绿假单胞菌、革兰氏阳性菌（金黄色葡萄球菌除外）、立克次体、厌氧菌和真菌等对本品耐药。

【药物相互作用】（1）与大环内酯类抗生素合用，可治疗革兰氏阳性菌所致的乳腺炎。

（2）内服可影响洋地黄类药物、维生素 A 或维生素 B_{12} 的吸收。

（3）与青霉素类或头孢菌素类合用有协同作用。

（4）本品在碱性环境中抗菌作用增强，与碱性药物（如碳酸氢钠、氨茶碱等）合用可增强抗菌效力，但毒性也相应增强。当 pH 超过 8.4 时，抗菌作用反而减弱。

（5）Ca^{2+}、Mg^{2+}、Na^{+}、NH_4^{+} 和 K^{+} 等阳离子可抑制本品的抗菌活性。

（6）与头孢菌素、右旋糖酐、强效利尿药（如呋塞米等）、红霉素等合用，可增强本品的耳毒性。

（7）骨骼肌松弛药（如氯化琥珀胆碱等）或具有此种作用的药物可加强本品的神经肌肉阻滞作用。

·硫酸新霉素可溶性粉·

本品为硫酸新霉素与蔗糖、维生素C等配制而成。

【作用与用途】氨基糖苷类抗生素。主要用于治疗禽敏感的革兰氏阴性菌所致的胃肠道感染。

【用法与用量】以新霉素计。混饮：每升水50～75mg，连用3～5d。

【注意事项】可影响维生素A、维生素B_{12}的吸收。

【休药期】5d。

·硫酸新霉素预混剂·

【作用与用途】氨基糖苷类抗生素。主要用于治疗禽敏感的革兰氏阴性菌所致的胃肠道感染。

【用法与用量】以新霉素计。混饲：每吨饲料77～154g，连用3～5d。

【注意事项】可影响维生素A、维生素B_{12}的吸收。

【休药期】5d。

·盐酸大观霉素·

对多种革兰氏阴性杆菌（如大肠杆菌、沙门氏菌、志贺氏菌、变形杆菌等）有中度抑制作用。对链球菌、肺炎球菌、表皮葡萄球菌和某些支原体（如鸡毒支原体、火鸡支原体、滑液支原体）敏感。对草绿色链球菌和金黄色葡萄球菌多不敏感。铜绿假单胞菌和密螺旋体通常耐药。肠道菌对大观霉素耐药较广泛，但与链霉素不表现交叉耐药性。

【药物相互作用】（1）与林可霉素合用，可显著增加对支原体的抗菌活性并扩大抗菌谱。

（2）与红霉素合用有颉颃作用。

（3）与阿片类镇痛药合用，可导致呼吸抑制延长或引起呼吸麻痹。

·盐酸大观霉素可溶性粉·

本品为盐酸大观霉素与枸橼酸和枸橼酸钠配制而成。

【作用与用途】用于革兰氏阴性菌及支原体感染，如大肠杆菌病、鸡白痢、慢性呼吸道病。

【用法与用量】以盐酸大观霉素计。混饮：每升水 0.5～1g，连用 3～5d。

【注意事项】大观霉素对动物毒性相对较小，很少引起耳毒性和肾毒性。但可能会和氨基糖苷类药物一样引起神经肌肉阻滞。

【休药期】5d。

·盐酸大观霉素-盐酸林可霉素·

为盐酸大观霉素与盐酸林可霉素（2∶1）的复方。

大观霉素对多种革兰氏阴性杆菌，如大肠杆菌、沙门氏菌、志贺氏菌、变形杆菌等有中度抑制作用。对链球菌、肺炎球菌、表皮葡萄球菌和某些支原体（如鸡毒支原体、火鸡支原体、滑液支原体等）敏感。对草绿色链球菌和金黄色葡萄球菌多不敏感。对铜绿假单胞菌和密螺旋体通常耐药。肠道菌对大观霉素耐药较广泛，但与链霉素不表现交叉耐药性。林可霉素类对厌氧菌有良好抗菌活性，如魏氏梭菌、产气荚膜梭菌等。林可霉素主要作用于细菌核糖体的 50S 亚基，通过抑制肽链的延长而影响蛋白质的合成。

【药物相互作用】（1）与林可霉素合用，可显著增加对支原体的抗菌活性并扩大抗菌谱。

（2）林可霉素与抗胆碱酯酶药合用，可降低后者的疗效。

（3）与红霉素合用有颉颃作用。

·盐酸大观霉素-盐酸林可霉素可溶性粉·

【作用与用途】用于治疗革兰氏阴性菌、阳性菌及支原体感染。

【用法与用量】以盐酸大观霉素计。混饮：每升水200～320mg，连用3～5d。

【注意事项】仅用于5～7日龄雏鸡。

【休药期】0d。

·硫酸庆大-小诺霉素注射液·

【作用与用途】用于革兰氏阴性菌和阳性菌感染，如敏感菌引起的败血症、泌尿生殖道和呼吸道感染。

【用法与用量】肌内注射：每千克体重2～4mg，每日2次，连用2～3d。

【注意事项】（1）长期应用可引起肾毒性。

（2）可与β-内酰胺类抗生素联合治疗严重感染，但在体外混合存在配伍禁忌。

（3）与青霉素联合，对链球菌具协同作用。

（4）有呼吸抑制作用，不宜静脉推注。

【休药期】40d。

·硫酸安普霉素·

安普霉素属氨基糖苷类抗生素，对多种革兰氏阴性菌（如大肠杆菌、假单胞菌、沙门氏菌、克雷伯氏菌、变形杆菌、巴氏杆菌）及葡萄球菌和支原体均具杀菌活性。

安普霉素独特的化学结构可抗由多种质粒编码钝化酶的灭活作用，因而革兰氏阴性菌对其较少耐药，许多分离自动物的病原性大肠杆菌及沙门氏菌对其敏感。安普霉素与其他氨基糖苷类不存在染色体突变引起的交叉耐药性。

【药物相互作用】（1）与青霉素类或头孢菌素类合用有协同作用。

（2）在碱性环境中抗菌作用增强，与碱性药物（如碳酸氢钠、氨茶碱等）合用可增强抗菌效力，但毒性也相应增强；当 pH 超过 8.4 时，抗菌作用反而减弱。

（3）与铁锈接触可使药物失活。

（4）与头孢菌素、右旋糖酐、强效利尿药（如呋塞米等）、红霉素等合用，可增强本品的耳毒性。

（5）骨骼肌松弛药（如氯化琥珀胆碱等）或具有此种作用的药物可加强本品的神经肌肉阻滞作用。

·硫酸安普霉素可溶性粉·

【作用与用途】用于治疗革兰氏阴性菌引起的肠道感染。

【用法与用量】以硫酸安普霉素计。混饮：每升水 250～500mg，连用 5d。

【不良反应】内服可能损害肠壁绒毛而影响肠道对脂肪、蛋白质、糖、铁等的吸收。也可引起肠道菌群失调，发生厌氧菌或真菌等二重感染。

【注意事项】（1）本品遇铁锈易失效，混饲机械要注意防锈，也不宜与微量元素制剂混合使用。

（2）饮水给药必须当天配制。

【休药期】7d。

·硫酸安普霉素预混剂·

【作用与用途】用于治疗革兰氏阴性菌引起的肠道感染。

【用法与用量】以硫酸安普霉素计。混饲：每吨饲料 80～100mg，连用 7d。

【不良反应】【注意事项】同硫酸安普霉素可溶性粉。

【休药期】21d。

（三）四环素类

·土 霉 素·

为广谱抗生素，对葡萄球菌、溶血性链球菌、炭疽杆菌和梭状芽孢杆菌等革兰氏阳性菌作用较强。对大肠杆菌、沙门氏菌和巴氏杆菌等革兰氏阴性菌较敏感。对立克次体、衣原体、支原体、螺旋体、放线菌和某些原虫也有抑制作用。

可用于治疗大肠杆菌或沙门氏菌引起的雏鸡白痢等、多杀性巴氏杆菌引起的禽霍乱等、支原体引起的鸡慢性呼吸道病等。

【药物相互作用】（1）与泰乐菌素等大环内酯类合用呈协同作用；与黏菌素合用呈协同作用。

（2）能与二价、三价阳离子等形成复合物，当与钙、镁、铝等抗酸药、含铁的药物或牛奶等食物同服时会减少其吸收，造成血药浓度降低。

（3）与碳酸氢钠同服时，吸收率下降，肾小管重吸收减少，排泄加快。

（4）与利尿药合用可使血尿素氮升高。

·土 霉 素 片·

【作用与用途】用于治疗革兰氏阳性菌、革兰氏阴性菌和支原体等感染，如巴氏杆菌、大肠杆菌和沙门氏菌感染等。

【用法与用量】片剂，内服：一次量，每千克体重 25～50mg，每日 2～3 次，连用 3～5d。

【不良反应】（1）局部刺激性，特别是空腹给药对消化道有一定刺激性。

（2）肠道菌群紊乱；马、牛等草食动物轻者出现维生素缺乏症，重者造成二重感染，甚至出现致死性腹泻。

（3）影响牙齿和骨骼发育。

（4）对肝脏和肾脏有一定损害作用。偶尔可见致死性的肾中毒。

【注意事项】（1）肝、肾功能严重不良的禁用本品。

（2）避免与乳制品和含钙、镁、铝、铁等药物或饲料同服。

（3）连续用药不超过 5d。

【休药期】5d。

·盐酸土霉素可溶性粉·

【作用与用途】四环素类抗生素。用于治疗鸡敏感大肠埃希菌、沙门氏菌、巴氏杆菌及支原体引起的感染性疾病。

【用法与用量】以土霉素计。混饮：每升水 150～250mg，连用 3～5d。

【不良反应】长期应用可引起二重感染和肝脏损害。

【注意事项】（1）本品不宜与青霉素类药物和含钙盐、铁盐及多价金属离子的药物或饲料合用。

（2）与强利尿药同用可使肾功能损害加重。

（3）不宜与含氯量多的自来水和碱性溶液混合。

【休药期】5d。

·盐酸多西环素·

具有广谱抑菌作用，敏感菌包括肺炎球菌、链球菌、部分葡萄球菌、炭疽杆菌、破伤风杆菌、棒状杆菌等革兰氏阳性菌，以及大肠杆菌、巴氏杆菌、沙门氏菌、布鲁氏菌和嗜血杆菌、克雷伯氏菌和鼻疽杆菌等革兰氏阴性菌。对立克次体、支原体（如猪肺炎支原体）、螺旋体等也有一定程度的抑制作用。

【药物相互作用】（1）与碳酸氢钠同服，可升高胃内 pH，使本品的吸收减少及活性降低。

（2）与二、三价阳离子等形成复合物，因而当它们与钙、镁、铝等抗酸药、含铁的药物同服时会减少其吸收，造成血药浓度降低。

（3）与强利尿药如呋塞米等同用可使肾功能损害加重。

（4）可干扰青霉素类对细菌繁殖期的杀菌作用，宜避免同用。

·盐酸多西环素片·

【作用与用途】用于治疗革兰氏阳性、革兰氏阴性菌和支原体引起的感染性疾病。

【用法与用量】内服：一次量，每千克体重 15～25mg，每日 1 次，连用 3～5d。

【不良反应】（1）本品内服后可引起呕吐。

（2）肠道菌群紊乱，长期应用可出现维生素缺乏症，重者造成二重感染。

（3）过量应用会导致胃肠功能紊乱，如厌食、呕吐或腹泻等。

【注意事项】（1）长期服用可诱发二重感染。

（2）肝、肾功能严重不良的鸡禁用本品。

（3）避免与乳制品和含钙量较高的饲料同服。

【休药期】28d。

（四）酰胺醇类

·甲砜霉素·

具有广谱抗菌作用，对革兰氏阴性菌的作用较革兰氏阳性菌强，对多数肠杆菌科细菌（包括伤寒杆菌、副伤寒杆菌、大肠杆菌、沙门氏菌）高度敏感，对其敏感的革兰氏阴性菌还有巴氏杆菌、布鲁氏菌等。敏感的革兰氏阳性菌有炭疽杆菌、链球菌、棒状杆菌、肺炎球菌、葡萄球菌等。衣原体、钩端螺旋体、立克次体也对本品敏感。对厌氧菌如破伤风梭菌、放线菌等也有相当作用。但结核分支杆菌、铜绿假单胞菌、真菌对其不敏感。

【药物相互作用】（1）大环内酯类和林可胺类与本品的作用靶点相同，均是与细菌核糖体50S亚基结合，合用时可产生颉颃作用。

（2）与β-内酰胺类合用时，由于本品的快速抑菌作用，可产生颉颃作用。

（3）对肝微粒体药物代谢酶有抑制作用，可影响其他药物的代谢，提高血药浓度，增强药效或毒性。

·甲砜霉素片·

【作用与用途】主要用于治疗畜禽肠道、呼吸道等细菌性感染，如鸡白痢、大肠杆菌病等。

【用法与用量】内服：一次量，每千克体重5～10mg，每日2次，连用2～3d。

【不良反应】（1）本品有血液系统毒性，虽然不会引起再生障碍性贫血，但其引起的可逆性红细胞生成抑制却比氯霉素更常见。

（2）本品有较强的免疫抑制作用，约比氯霉素强6倍。

（3）长期内服可引起消化机能紊乱，出现维生素缺乏或二重感染症状。

（4）有胚胎毒性。

（5）对肝微粒体药物代谢酶有抑制作用，可影响其他药物的代谢，提高血药浓度，增强药效或毒性。

【注意事项】疫苗接种期或免疫功能严重缺损的鸡禁用。

【休药期】28d。

·甲砜霉素粉·

【作用与用途】主要用于治疗肠道、呼吸道等细菌性感染。

【用法与用量】内服：一次量，每千克体重5～10mg，每日2次，连用2～3d。

【不良反应】【注意事项】同甲砜霉素片。

【休药期】28d。

·氟苯尼考·

对多种革兰氏阳性菌、革兰氏阴性菌有较强的抗菌活性。多杀巴氏杆菌对氟苯尼考高度敏感。体外氟苯尼考对许多微生物的抗菌活性与甲砜霉素相似或更强，一些因乙酰化作用对酰胺醇类耐药的细菌如大肠杆菌、克雷伯氏肺炎杆菌等仍可能对氟苯尼考敏感。主要用于沙门氏菌引起的伤寒和副伤寒，鸡霍乱、鸡白痢、大肠杆菌病等。

【药物相互作用】大环内酯类和林可胺类与本品的作用靶点相同，均是与细菌核糖体50S亚基结合，合用时可产生相互颉颃作用。

·氟苯尼考粉·

【作用与用途】酰胺醇类抗生素。用于治疗巴氏杆菌和大肠杆菌所致的细菌性疾病。

【用法与用量】以氟苯尼考计。内服：每千克体重 20～30mg，每日 2 次，连用 3～5d。

【不良反应】（1）本品高于推荐剂量使用时有一定的免疫抑制作用。

（2）有胚胎毒性。

【注意事项】疫苗接种期或免疫功能严重缺损的动物禁用。

【休药期】5d。

·氟苯尼考可溶性粉·

【作用与用途】酰胺醇类抗生素。用于治疗敏感细菌所致的细菌性感染。

【用法与用量】以氟苯尼考计。混饮：每升水 100～200mg，连用 3～5d。

【不良反应】【注意事项】【休药期】同氟苯尼考粉。

·氟苯尼考溶液·

【作用与用途】酰胺醇类抗生素。用于巴氏杆菌和大肠杆菌感染。

【用法与用量】以氟苯尼考计。混饮：每升水 100～150mg，连用 5d。

【不良反应】【注意事项】【休药期】同氟苯尼考粉。

·氟苯尼考注射液·

【作用与用途】酰胺醇类抗生素。用于巴氏杆菌和大肠杆菌感染。

【用法与用量】以氟苯尼考计。肌内注射：一次量，每千克体重 20mg，每隔 48h 一次，连用 2 次。

【不良反应】【注意事项】同氟苯尼考粉。

【休药期】28d。

（五）大环内酯类

·红　霉　素·

对革兰氏阳性菌的作用与青霉素相似，但其抗菌谱较青霉素广，敏感的革兰氏阳性菌有金黄色葡萄球菌（包括耐青霉素金黄色葡萄球菌）、肺炎球菌、链球菌等。敏感的革兰氏阴性菌有巴氏杆菌等。对弯曲杆菌、支原体、衣原体、立克次体也有良好作用。在碱性溶液中的抗菌效能增强，当 pH 从 5.5 上升到 8.5 时，抗菌效能逐渐增加。当 pH 小于 4 时，作用很弱。

主要用于耐青霉素金黄色葡萄球菌及其他敏感菌所致的各种感染，如肺炎、败血症等。对鸡毒支原体（慢性呼吸道病）和传染性鼻炎也有相当疗效。

【药物相互作用】（1）不宜同时与其他大环内酯类、林可胺类和酰胺醇类同时使用。

（2）与 β-内酰胺类合用表现为颉颃作用。

（3）与青霉素合用对马红球菌有协同抑制作用。

（4）红霉素有抑制细胞色素氧化酶系统的作用，与某些药物合用时可能抑制其代谢。

·硫氰酸红霉素可溶性粉·

【作用与用途】本品用于治疗革兰氏阳性菌和支原体引起的感染性疾病。如鸡的葡萄球菌病、链球菌病、慢性呼吸道病和传染性鼻炎。

【用法与用量】以红霉素计。混饮：每升水 125mg，连用3～5d。

【不良反应】动物内服后常出现剂量依赖性胃肠道紊乱，如腹泻等。

【注意事项】(1) 本品禁与酸性物质配伍。

(2) 与其他大环内酯类、林可胺类作用靶点相同，不宜同时使用。

(3) 与β-内酰胺类合用表现颉颃作用。

(4) 有抑制细胞色素氧化酶系统的作用，与某些药物合用可抑制其代谢。

【休药期】3d。

·吉他霉素·

抗菌谱近似红霉素，作用机理与红霉素相同。对大多数革兰氏阳性菌的抗菌作用略逊于红霉素，对支原体的抗菌作用近似泰乐菌素，对耐药金黄色葡萄球菌的作用优于红霉素和四环素。

主要用于防治鸡支原体病及革兰氏阳性菌（包括耐青霉素金黄色葡萄球菌）等感染。

【药物相互作用】参见红霉素。

·吉他霉素片·

【作用与用途】大环内酯类抗生素。用于治疗革兰氏阳性菌及支原体等感染。

【用法与用量】以吉他霉素计。内服：一次量，每千克体重20～50mg，每日2次，连用3～5d。

【不良反应】动物内服后可出现剂量依赖性胃肠道功能紊乱（如腹泻），发生率较红霉素低。

【休药期】7d。

·吉他霉素预混剂·

【作用与用途】大环内酯类抗生素。用于治疗革兰氏阳性菌、支原体及钩端螺旋体等感染。也用作促生长。

【用法与用量】以吉他霉素计。混饲：每吨饲料 100～300g，连用 5～7d。

【不良反应】同吉他霉素片。

【休药期】7d。

·酒石酸吉他霉素可溶性粉·

【作用与用途】大环内酯类抗生素。主要用于治疗革兰氏阳性菌、支原体等引起的感染性疾病。

【用法与用量】以吉他霉素计。混饮：每升水 250～500mg，连用 3～5d。

【不良反应】同吉他霉素片。

【休药期】7d。

·泰 乐 菌 素·

对支原体作用较强，对革兰氏阳性菌和部分阴性菌有效。敏感菌有金黄色葡萄球菌、化脓链球菌、肺炎链球菌、化脓棒状杆菌等。

【药物相互作用】（1）与大环内酯类其他药物、林可胺类作用靶点相同，不宜同时使用。

（2）与 β-内酰胺类合用表现为颉颃作用。

（3）有抑制细胞色素氧化酶系统的作用，与某些药物合用时可能抑制其代谢。

·注射用酒石酸泰乐菌素·

【作用与用途】大环内酯类抗生素。主要用于治疗支原体及敏感革兰氏阳性菌引起的感染性疾病。

【用法与用量】以酒石酸泰乐菌素计。皮下或肌内注射：一次量，每千克体重 5～13mg。

【不良反应】（1）可能具有肝毒性，表现为胆汁瘀积，也可引起腹泻，尤其是高剂量给药时。

（2）具有刺激性，肌内注射可引起剧烈的疼痛，静脉注射后可引起血栓性静脉炎及静脉周围炎。

【注意事项】有局部刺激性。

【休药期】28d。

·酒石酸泰乐菌素可溶性粉·

【作用与用途】大环内酯类抗生素。主要用于治疗支原体及敏感革兰氏阳性菌引起的感染性疾病。

【用法与用量】以泰乐菌素计。混饮：每升水 500mg，连用 3～5d。

【不良反应】按规定的用法用量使用，尚未见不良反应。

【休药期】1d。

·酒石酸泰乐菌素磺胺二甲嘧啶可溶性粉·

本品100g 内含有泰乐菌素 10g（1 000 万 U）＋10g 磺胺二甲嘧啶。

【作用与用途】抗菌药。主要用于治疗大肠埃希菌及支原体引起的呼吸道疾病。

【用法与用量】以本品计。混饮：每升水 2～4g，连用 3～5d。

【不良反应】长期使用可损害肾脏和神经系统，影响增重，并可能发生磺胺药中毒。

【注意事项】本品的水溶液遇铁、铜、铝、锡等离子可形成络合物而失效。

【休药期】28d。

·磷酸泰乐菌素预混剂·

【作用与用途】主要用于防治支原体感染引起的疾病，也用于治疗产气荚膜梭菌引起的坏死性肠炎。

【用法与用量】以泰乐菌素计。混饲：每吨饲料 4～50g，用于治疗细菌及支原体感染；每吨饲料 50～100g，用于治疗产气荚膜梭菌引起的鸡坏死性肠炎，连用 7d。

【不良反应】可引起剂量依赖性胃肠道紊乱。

【注意事项】（1）因与其他大环内酯类、林可胺类作用靶点相同，不宜同时使用。

（2）与 β-内酰胺类合用表现为颉颃作用。

（3）可引起人接触性皮炎，避免直接接触皮肤，沾染的皮肤要用清水洗净。

【休药期】5d。

·泰 万 菌 素 ·

泰万菌素属于动物专用大环内酯类抗生素，抗菌谱近似泰乐菌素，对金黄色葡萄球菌、肺炎球菌、链球菌、产气荚膜梭菌等抗菌作用较强，对革兰氏阴性菌几乎无作用，对鸡毒支原体和滑液支原体有很强的抑制活性。

【药物相互作用】对氯霉素和林可霉素类有颉颃作用，不宜同用。与 β-内酰胺类药物同用时，可干扰其杀菌效能。

·酒石酸泰万菌素可溶性粉·

【作用与用途】用于支原体感染和其他敏感细菌的感染。

【用法与用量】以泰万菌素计。混饮：每升水 200～300mg，连用 3～5d。

【注意事项】不宜与β-内酰胺类药物联用。

【休药期】5d。

·酒石酸泰万菌素预混剂·

【作用与用途】用于支原体感染和其他敏感细菌的感染。

【用法与用量】以泰万菌素计。混饲，每吨饲料100～300g，连用7d。

【注意事项】不宜与β-内酰胺类药物联用。

【休药期】5d。

·替 米 考 星 ·

为动物专用半合成大环内酯类抗生素。对支原体作用较强，抗菌作用与泰乐菌素相似，敏感的革兰氏阳性菌有金黄色葡萄球菌（包括耐青霉素金黄色葡萄球菌）、肺炎球菌、链球菌、产气荚膜梭菌等。敏感的革兰氏阴性菌有脑膜炎双球菌、巴氏杆菌等。对巴氏杆菌及支原体的活性比泰乐菌素强。

【药物相互作用】（1）与其他大环内酯类、林可胺类的作用靶点相同，不宜同时使用。

（2）与β-内酰胺类合用表现为颉颃作用。

·替米考星溶液·

【作用与用途】大环内酯类抗生素。用于治疗由巴氏杆菌及支原体引起的呼吸系统疾病。

【用法与用量】以替米考星计。混饮：每升水75mg，连用3d。

【不良反应】本品对动物的毒性作用主要是心血管系统，可引起心动过速和收缩力减弱。

【注意事项】本品可引起心动过速和收缩力减弱。

【休药期】12d。

·替米考星可溶性粉·

【作用与用途】大环内酯类抗生素。主要用于支原体感染、巴氏杆菌感染。

【用法与用量】以替米考星计。混饮：每升水 75mg，连用 3d。

【不良反应】本品对动物的毒性作用主要是心血管系统，可引起心动过速和收缩力减弱。

【休药期】10d。

（六）林可胺类

·盐酸林可霉素·

抗菌谱与大环内酯类相似，主要抗革兰氏阳性菌，对支原体的作用与红霉素相似而比其他大环内酯类稍弱。对葡萄球菌作用较强，但不及青霉素类和头孢菌素类；对厌氧菌（如产气荚膜梭菌）有抑制作用。对需氧革兰氏阴性菌耐药。高浓度时对高度敏感菌有杀菌作用。葡萄球菌对本品可缓慢产生耐药性，与同类的抗生素有完全交叉耐药性，与红霉素之间有部分交叉耐药性。主要用于治疗革兰氏阳性菌和支原体感染。

【药物相互作用】（1）与大观霉素合用有协同作用。与庆大霉素等合用时，对葡萄球菌、链球菌等革兰氏阳性菌有协同作用。

（2）与氨基糖苷类和多肽类抗生素合用，可能增强对神经-肌肉接头的阻滞作用。与红霉素合用，有颉颃作用。

（3）不宜与含白陶土的止泻药同时内服。

（4）与卡那霉素混合可产生配伍禁忌。

·盐酸林可霉素可溶性粉·

【作用与用途】 林可胺类抗生素。用于治疗革兰氏阴性菌感染，如坏死性肠炎。亦可用于支原体感染。

【用法与用量】 以盐酸林可霉素计。混饮：每升水 0.15g，连用 5～10d。

【不良反应】 本品具有神经肌肉阻断作用。

【休药期】 5d。

·盐酸林可霉素-硫酸大观霉素可溶性粉·

为硫酸大观霉素与盐酸林可霉素（2∶1）的复方。

【作用与用途】 用于治疗支原体和大肠杆菌引起的慢性呼吸道疾病。

【用法与用量】 以硫酸大观霉素计。混饮：每千克体重，1～4 周龄 66.7mg，4 周龄以上 33.35mg，连用 7d。

【休药期】 5d。

（七）截短侧耳素类

·泰 妙 菌 素·

泰妙菌素在非常高的浓度下对敏感菌具有杀菌作用。对包括大多数葡萄球菌、链球菌（D 群链球菌除外）在内的许多革兰氏阳性菌具有良好的抗菌活性，对支原体也有较好的抗菌活性。对革兰氏阴性菌的抗菌活性非常弱。临床主要用于治疗鸡慢性呼吸道病。

【药物相互作用】 （1）与莫能菌素、盐霉素、甲基盐霉素等聚醚类抗生素同用，可影响上述聚醚类抗生素的代谢，使鸡生长缓慢、运动失调、麻痹瘫痪，甚至死亡。

（2）与能结合细菌核糖体50S亚基的其他抗生素（如大环内酯类抗生素、林可霉素）合用，有可能导致药效降低。

·延胡索酸泰妙菌素可溶性粉·

【作用与用途】截短侧耳素类抗生素。用于防治慢性呼吸道病。

【用法与用量】以泰妙菌素计。混饮：每升水125～250mg，连用3d。

【注意事项】（1）本品禁止与莫能菌素、盐霉素、甲基盐霉素等聚醚类抗生素合用。

（2）使用者避免药物与眼及皮肤接触。

【休药期】5d。

（八）多肽类

·硫酸黏菌素·

黏菌素是一种碱性阳离子表面活性剂，通过与细菌细胞膜内的磷脂相互作用，渗入细菌细胞膜内，破坏其结构，进而引起膜通透性发生变化，导致细菌死亡，产生杀菌作用。对需氧菌、大肠杆菌、嗜血杆菌、克雷伯氏菌、巴氏杆菌、铜绿假单胞菌、沙门氏菌和志贺氏菌等革兰氏阴性菌有较强的抗菌作用。革兰氏阳性菌通常不敏感。主要用于治疗革兰氏阴性菌引起的肠道感染。

【药物相互作用】（1）与杆菌肽锌1∶5配合有协同作用。

（2）与肌松药和氨基糖苷类等神经肌肉阻滞剂合用，可能引起肌无力和呼吸暂停。

（3）与螯合剂（EDTA）和阳离子清洁剂合用，对铜绿假单胞菌有协同作用，常联合用于局部感染的治疗。

（4）与能损伤肾功能的药物合用，可增强其肾毒性。

·硫酸黏菌素可溶性粉·

【作用与用途】 多肽类抗生素。用于治疗敏感革兰氏阴性菌引起的肠道感染。

【用法与用量】 以黏菌素计。混饮：每升水 20～60mg。

【注意事项】 连续使用不宜超过 1 周。

【休药期】 7d。

·硫酸黏菌素预混剂·

【作用与用途】 多肽类抗生素。用于治疗敏感革兰氏阴性菌引起的肠道感染。

【用法与用量】 以黏菌素计。混饲：每千克饲料 75～100g，连用 3～5d。

【注意事项】【休药期】 同硫酸黏菌素可溶性粉。

·杆 菌 肽·

杆菌肽为多肽类抗生素，其抗菌作用机理与青霉素相似，主要抑制细菌细胞壁合成。此外，杆菌肽又与敏感细菌细胞膜结合，损害细菌细胞膜的完整性，导致营养物质与离子外流。本品的抗菌作用机理具有特殊性，因而不与其他抗菌药物产生交叉耐药性。细菌对本品产生耐药性缓慢，产生获得性耐药菌也较少，但金黄色葡萄球菌较其他菌易产生耐药性。

杆菌肽在动物主要作为药物饲料添加剂用于促生长，还常与具有抗革兰氏阴性菌的抗菌药物新霉素联合用药。

杆菌肽锌内服在消化道不易吸收，排泄迅速，毒性小，无毒副作用。内服后，90%的杆菌肽锌由动物粪便排出，少量由尿中排出。

【药物相互作用】本品与青霉素、链霉素、新霉素、黏菌素等合用有协同作用。

·杆菌肽锌预混剂·

【作用与用途】本品用于预防革兰氏阳性菌感染。

【用法与用量】以杆菌肽计。混饲：每千克饲料 4～40mg（16 周龄以下）。

【注意事项】本品与四环素类、吉他霉素、恩拉霉素、维吉尼霉素等合用时，可产生颉颃作用，不宜同时使用。

【休药期】0d。

·亚甲基水杨酸杆菌肽可溶性粉·

【作用与用途】本品用于耐青霉素的金黄色葡萄球菌感染。

【用法与用量】以杆菌肽计。混饮：每升水 50～100mg，连用 5～7d。

【休药期】0d。

（九）多糖类

·阿维拉霉素预混剂·

【作用与用途】用于预防由产气荚膜梭菌引起的坏死性肠炎。

【用法与用量】以阿维拉霉素计。混饲：每千克饲料 15～45mg，连用 21d。

【注意事项】搅拌配料时防止与人的皮肤、眼睛接触。

【休药期】0d。

二、化学合成抗菌药

（一）喹诺酮类

·恩诺沙星·

动物专用的杀菌性广谱抗菌药物。对大肠杆菌、沙门氏菌、克雷伯氏菌、巴氏杆菌、变形杆菌、金黄色葡萄球菌、支原体和衣原体等均有良好作用，对铜绿假单胞菌和链球菌的作用较弱，对厌氧菌作用微弱。对敏感菌有明显的抗菌后效应（PAE）。有明显的浓度依赖性，血药浓度大于 8 倍 MIC 时可发挥最佳治疗效果。

适用于禽的敏感细菌及支原体所致的消化系统、呼吸系统、泌尿系统的各种感染。主要用于支原体病、巴氏杆菌病、大肠杆菌病、沙门氏菌病和链球菌病等。

【药物相互作用】（1）与氨基糖苷类或广谱青霉素类合用，有协同作用。

（2）Ca^{2+}、Mg^{2+}、Fe^{3+} 等重金属离子可与本品发生螯合，影响吸收。

（3）与茶碱、咖啡因合用时，血中茶碱、咖啡因的浓度异常升高，甚至出现茶碱中毒症状。

（4）有抑制肝药酶作用，可使主要在肝脏中代谢的药物的清除率降低，血药浓度升高。

·恩诺沙星片·

【作用与用途】氟喹诺酮类抗菌药。用于细菌性疾病和支原体感染。

【用法与用量】以恩诺沙星计。内服：一次量，每千克体重 5～

7.5mg，每日2次，连用3～5d。

【不良反应】(1) 使幼龄动物软骨发生变性，影响骨骼发育并引起跛行及疼痛。

(2) 消化系统的反应有食欲不振、腹泻等。

【注意事项】(1) 本品可使幼龄动物软骨发生变性，影响骨骼发育并引起跛行及疼痛。

(2) 消化系统的反应有呕吐、食欲不振、腹泻等。

(3) 本品耐药菌呈增多趋势，不应在亚治疗剂量下长期使用。

【休药期】8d。

·恩诺沙星溶液·

【作用与用途】氟喹诺酮类抗菌药。用于细菌性疾病和支原体感染。

【用法与用量】以恩诺沙星计。混饮：每升水50～75mg，连用3～5d。

【不良反应】同恩诺沙星片。

【休药期】8d。

·恩诺沙星可溶性粉·

本品由恩诺沙星与助溶剂及葡萄糖配制而成。

【作用与用途】氟喹诺酮类抗菌药。用于禽细菌性疾病和支原体感染。

【用法与用量】以恩诺沙星计。混饮：每升水25～75mg，连用3～5d。

【不良反应】同恩诺沙星片。

【休药期】8d。

·盐酸恩诺沙星可溶性粉·

【作用与用途】氟喹诺酮类抗菌药。用于细菌性疾病和支原体感染，如鸡大肠埃希菌病、鸡沙门氏菌病、鸡白痢、鸡巴氏杆菌病和鸡败血性支原体病等。

【用法与用量】以盐酸恩诺沙星计。混饮：每升水110mg，连用5d。

【不良反应】可使幼龄动物软骨发生变性，引起跛行及疼痛。

【注意事项】儿童不宜触及本品。

【休药期】11d。

·环 丙 沙 星·

抗菌谱、抗菌活性和耐药性与恩诺沙星基本相似，对某些细菌的体外抗菌作用略强于恩诺沙星。主要用于鸡的慢性呼吸道病、大肠杆菌病、传染性鼻炎、禽巴氏杆菌病、禽伤寒、葡萄球菌病等。

【药物相互作用】参见恩诺沙星。

·乳酸环丙沙星可溶性粉·

【作用与用途】氟喹诺酮类抗菌药。用于细菌和支原体感染。

【用法与用量】以环丙沙星计。混饮：每升水40～80mg，连用3d。

【不良反应】（1）使幼龄动物软骨发生变性，影响骨骼发育并引起跛行及疼痛。

（2）消化系统的反应有食欲不振、腹泻等。

【休药期】8d。

·乳酸环丙沙星注射液·

【作用与用途】氟喹诺酮类抗菌药。用于细菌和支原体感染。

【用法与用量】以环丙沙星计。肌内注射：一次量，每千克体重

5mg，每日 2 次，连用 2～3d。

【不良反应】同乳酸环丙沙星可溶性粉。

【休药期】28d。

·盐酸环丙沙星可溶性粉·

【作用与用途】氟喹诺酮类抗菌药。用于细菌和支原体感染。

【用法与用量】以盐酸环丙沙星计。混饮：每升水 15～25mg，连用 3～5d。

【不良反应】同乳酸环丙沙星可溶性粉。

【休药期】28d。

·盐酸环丙沙星注射液·

【作用与用途】氟喹诺酮类抗菌药。用于细菌和支原体感染。

【用法与用量】以盐酸环丙沙星计。肌内注射：一次量，每千克体重 5～10mg，每日 2 次，连用 3d。

【不良反应】同乳酸环丙沙星可溶性粉。

【休药期】28d。

·沙 拉 沙 星·

为动物专用氟喹诺酮类药物，抗菌谱和作用机理与恩诺沙星相似，抗菌活性略低于恩诺沙星。主要用于鸡的敏感细菌及支原体所致的各种感染性疾病。常用于鸡的大肠杆菌病、沙门氏菌病、支原体病和葡萄球菌感染等。

【药物相互作用】参见恩诺沙星。

·盐酸沙拉沙星片·

【作用与用途】氟喹诺酮类抗菌药。用于细菌性和支原体感染性疾病。

【用法与用量】 以沙拉沙星计。内服：一次量，每千克体重 5～10mg，每日 1～2 次，连用 3～5d。

【不良反应】（1）使幼龄动物软骨发生变性，影响骨骼发育并引起跛行及疼痛。

（2）消化系统的反应有食欲不振、腹泻等。

【休药期】 0d。

·盐酸沙拉沙星可溶性粉·

【作用与用途】 氟喹诺酮类抗菌药。用于细菌性和支原体感染性疾病。

【用法与用量】 以沙拉沙星计。混饮：每升水 25～50mg，连用 3～5d。

【不良反应】 同盐酸沙拉沙星片。

【休药期】 0d。

·盐酸沙拉沙星溶液·

【作用与用途】 氟喹诺酮类抗菌药。用于敏感菌引起的感染性疾病。

【用法与用量】 以沙拉沙星计。混饮：每升水 20～50mg，连用 3～5d。

【不良反应】 同盐酸沙拉沙星片。

【休药期】 0d。

·盐酸沙拉沙星注射液·

【作用与用途】 氟喹诺酮类抗菌药。用于细菌性和支原体感染性疾病。

【用法与用量】 以沙拉沙星计。肌内注射：一次量，每千克体重

2.5～5mg，每日 2 次，连用 3～5d。

【不良反应】 同盐酸沙拉沙星片。

【注意事项】 遇光易变色分解、避光保存。

·达 氟 沙 星·

为动物专用氟喹诺酮类药物，抗菌谱与恩诺沙星相似，对禽的呼吸道致病菌有良好的抗菌活性。敏感菌包括溶血性巴氏杆菌、多杀性巴氏杆菌和支原体等。

适用于禽的敏感细菌及支原体所致各种感染性疾病，如鸡的巴氏杆菌病、大肠杆菌病和败血支原体病等。

【药物相互作用】 参见恩诺沙星。

·甲磺酸达氟沙星粉·

【作用与用途】 氟喹诺酮类抗菌药。主要用于细菌及支原体感染。

【用法与用量】 以达氟沙星计。内服：每千克体重 2.5～5mg，每日 1 次，连用 3d。

【不良反应】（1）使幼龄动物软骨发生变性，影响骨骼发育并引起跛行及疼痛。

（2）消化系统的反应有食欲不振、腹泻等。

【休药期】 5d。

·甲磺酸达氟沙星溶液·

【作用与用途】 氟喹诺酮类抗菌药。主要用于细菌及支原体感染。

【用法与用量】 以达氟沙星计。混饮：每升水 25～50mg，每日 1 次，连用 3d。

【不良反应】 同甲磺酸达氟沙星粉。

【休药期】 5d。

·二 氟 沙 星·

为动物专用氟喹诺酮类药物，抗菌谱与恩诺沙星相似，抗菌活性略低于恩诺沙星。对禽呼吸道致病菌有良好的抗菌活性，尤其对葡萄球菌有较强的抗菌活性。

用于治疗禽类的敏感细菌及支原体所致的各种感染性疾病，如鸡的慢性呼吸道病等。

【药物相互作用】参见恩诺沙星。

·盐酸二氟沙星片·

【作用与用途】氟喹诺酮类抗菌药。用于细菌性疾病和支原体感染。

【用法与用量】以二氟沙星计。内服：一次量，每千克体重5～10mg，每日2次，连用3～5d。

【不良反应】（1）使幼龄动物软骨发生变性，影响骨骼发育并引起跛行及疼痛。

（2）消化系统的反应有食欲不振、腹泻等。

【注意事项】不宜与抗酸剂或其他（包括二价或三价阳离子的制剂）同用。

【休药期】1d。

·盐酸二氟沙星粉·

【作用与用途】氟喹诺酮类抗菌药。用于细菌性疾病和支原体感染。

【用法与用量】以二氟沙星计。内服：一次量，每千克体重5～10mg，每日2次，连用3～5d。

【不良反应】【注意事项】【休药期】同盐酸二氟沙星片。

·盐酸二氟沙星溶液·

【作用与用途】 氟喹诺酮类抗菌药。用于细菌性疾病和支原体感染。

【用法与用量】 以二氟沙星计。内服：一次量，每千克体重50～100mg，每日2次，连用3～5d。

【不良反应】【注意事项】【休药期】 同盐酸二氟沙星片。

·氟　甲　喹·

主要对革兰氏阴性菌有效，敏感菌包括大肠杆菌、沙门氏菌、巴氏杆菌、变形杆菌、克雷伯氏菌等。对支原体也有一定效果。

【药物相互作用】 参见恩诺沙星。

·氟甲喹可溶性粉·

【作用与用途】 氟喹诺酮类抗菌药。用于治疗革兰氏阴性菌引起的消化道和呼吸道感染。

【用法与用量】 以氟甲喹计。内服：一次量，每千克体重3～6mg，首次量加倍，每日2次，连用3～5d。混饮：每升水30～60mg，首次量加倍，每日2次，连用3～5d。

【注意事项】 参见恩诺沙星。

【休药期】 2d。

（二）磺胺类

·磺 胺 嘧 啶·

对大多数革兰氏阳性菌和部分革兰氏阴性菌有效，对球虫、弓形虫等原虫也有效，属广谱抑菌剂。适用于各种动物敏感菌所致的全身感染，临床上常与甲氧苄啶联合，用于敏感菌引起的呼吸道、泌尿道感染及鸡白痢、禽霍乱等疾病的治疗；对禽球虫病、弓形虫病、鸡住白细胞虫病等均有效。

【药物相互作用】（1）与二氨基嘧啶类（抗菌增效剂）合用，可产生协同作用。

（2）某些含对氨基苯甲酰基的药物（如普鲁卡因、丁卡因等）在体内可生成PABA，酵母片可降低本药作用，不宜合用。

·复方磺胺嘧啶预混剂·

为磺胺嘧啶与甲氧苄啶（5∶1）的复方。

【作用与用途】磺胺类抗菌药。用于敏感菌感染，如葡萄球菌、巴氏杆菌、大肠杆菌、沙门氏菌和李氏杆菌等感染。

【用法与用量】以磺胺嘧啶计。混饲：一日量，每千克体重25～30mg，连用10d。

【注意事项】（1）忌与酸性药物（如维生素C、氯化钙、青霉素等）配伍使用。

（2）为减轻对肾脏毒性，建议与碳酸氢钠合用；肾功能受损时，排泄缓慢，应慎用。

（3）使用时应补充B族维生素、维生素K等。

【休药期】5d。

·复方磺胺嘧啶混悬液·

为磺胺嘧啶与甲氧苄啶（5∶1）的复方。

【作用与用途】磺胺类抗菌药。用于敏感菌感染，如葡萄球菌、巴氏杆菌、大肠杆菌、沙门氏菌和李氏杆菌等感染。

【用法与用量】以磺胺嘧啶计。混悬液（国产），混饮：每升水80～160mg，连用5～7d。混悬液（进口），混饮：每升水80mg，连用5d。

【注意事项】（1）忌与酸性药物如维生素 C、氯化钙、青霉素等配伍使用。

（2）为减轻对肾脏毒性，建议与碳酸氢钠合用；肾功能受损时，排泄缓慢，应慎用。

（3）使用时应补充 B 族维生素、维生素 K 等。

【休药期】混悬液（国产）1d，混悬液（进口）5d。

·磺胺二甲嘧啶·

抗菌作用较磺胺嘧啶稍弱，但对球虫和弓形虫有良好的抑制作用。主要用于治疗敏感菌引起的巴氏杆菌病、呼吸道及消化道等感染，亦用于禽球虫病。

【药物相互作用】参见磺胺嘧啶。

·复方磺胺二甲嘧啶钠可溶性粉·

本品含磺胺二甲嘧啶钠、甲氧苄啶的比例为 5∶1。

【作用与用途】磺胺类抗菌药。用于防治大肠埃希菌引起的感染。

【用法与用量】以磺胺二甲嘧啶钠计。混饮：每升水 0.5g，连用 3～5d。

【不良反应】长期使用可损害肾脏和神经系统，影响增重，并可能发生磺胺药中毒。

【注意事项】连续用药不宜超过 1 周。

【休药期】10d。

·磺胺间甲氧嘧啶·

本品是体内外抗菌活性最强的磺胺药，对大多数革兰氏阳性菌和阴性菌都有较强抑制作用，细菌对此药产生耐药性较慢。主要用于敏感菌所引起的各种疾病，对禽球虫病也有较好的疗效。

【药物相互作用】参见磺胺嘧啶。

·复方磺胺间甲氧嘧啶可溶性粉·

本品100g内含有磺胺间甲氧嘧啶8.3g＋甲氧苄啶1.7g。

【作用与用途】磺胺类抗菌药。用于治疗敏感菌引起的感染，如呼吸道、消化道感染及鸡球虫病、鸡住白细胞虫病。

【用法与用量】以本品计。混饮：每升水1～2g，连用3～5d。

【不良反应】长期使用可损害肾脏和神经系统，影响增重，并可能发生磺胺药中毒。

【注意事项】连续用药不宜超过1周。

【休药期】28d。

·磺胺氯哒嗪钠·

抗菌谱与磺胺间甲氧嘧啶相似，但抗菌作用比磺胺间甲氧嘧啶稍弱。

【药物相互作用】参见磺胺嘧啶。

·磺胺氯哒嗪钠-乳酸甲氧苄啶可溶性粉·

为磺胺氯哒嗪钠与乳酸甲氧苄啶（5∶1）的复方。

【作用与用途】磺胺类抗菌药。用于沙门氏菌和大肠杆菌感染，如鸡白痢、鸡大肠杆菌病等。

【用法与用量】以磺胺氯哒嗪钠计。混饮：每升水100～200mg，连用3～5d。

【注意事项】（1）剂量过大或用药时间过长易引起慢性中毒。

（2）忌与酸性药物（如维生素C、氯化钙、青霉素等）配伍使用。

（3）其他参见磺胺嘧啶。

【休药期】2d。

·复方磺胺氯哒嗪钠粉·

为磺胺氯哒嗪钠与甲氧苄啶（5∶1）的复方。

【作用与用途】磺胺类抗菌药。用于大肠杆菌、沙门氏菌和巴氏杆菌等感染，如鸡白痢、禽霍乱、鸡大肠杆菌病等。

【用法与用量】以磺胺氯哒嗪钠计。内服：一日量，每千克体重20mg，连用3～6d。

【不良反应】主要表现为急性反应如过敏反应，慢性反应为粒细胞减少、血小板减少、肝脏损害、肾脏损害及中枢神经毒性反应。易在尿中沉积，尤其是在高剂量长时间用药时更易发生。

【注意事项】（1）剂量过大或用药时间过长易引起慢性中毒。

（2）忌与酸性药物（如维生素C、氯化钙、青霉素等）配伍使用。

（3）其他参见磺胺嘧啶。

【休药期】2d。

第二节　抗寄生虫药物

抗寄生虫药是指能杀灭或驱除动物体内外寄生虫的药物。根据药物作用特点，可分为抗蠕虫药、抗原虫药和杀虫药三大类。

家禽寄生虫感染普遍存在，在集约化养殖业中，家禽寄生虫病，特别是球虫病造成的巨大危害已被人们普遍认识。家禽患寄生虫病不仅可引起大批死亡，而且会严重影响其生长率，使肉、蛋产品质量下降，数量减少。因此，防治家禽寄生虫病，对保障养禽业的健康发展具有重要意义。

在寄生虫病防治上，近年来免疫法虽取得了一些令人鼓舞的进展，但化学防治目前仍是一种经济而有效的方法。随着科学技术的迅速发展，近年来新型抗寄生虫药不断涌现，这为控制消灭家禽寄生虫病提供了有力武器。

使用抗寄生虫药时应注意以下几点：

1. 正确认识药物、寄生虫和宿主三者间关系 抗寄生虫药、寄生虫、宿主三者关系相互影响，互为制约。在选用抗寄生虫药时，不仅要了解药物对虫体的作用、对宿主的毒性及药物在宿主体内的药代动力学特征，而且还要掌握寄生虫病的流行病学资料，以便选用最佳的药物，最适合的剂型和剂量，以期达到最佳防治效果，同时避免或减轻不良反应的发生。只有正确认识和处理好这些关系，才能达到理想的防治效果。

对寄生虫病应贯彻“预防为主”方针，如加强饲养管理，消除各种致病因素，搞好禽舍卫生和环境卫生，加强厩粪管理，消灭寄生虫的传播媒介和中间宿主。

为提高驱虫效果，减轻毒性和投药方便，使用抗寄生虫药时应根据不同动物和寄生虫种类选择适合的剂型和投药途径，驱除家禽消化道内的寄生虫通常选内服剂型，而驱除体外寄生虫以外用剂型为佳。为投药方便，集约化养殖的家禽可选择群体给药法，如预混剂混饲或可溶性粉剂饮水投药；杀灭体表寄生虫用喷雾给药法。

2. 避免药物不良反应 理想的抗寄生虫药通常应具备安全、高效、广谱、价格低廉、使用方便、无残留等特点，但至今临床上使用的抗寄生虫药完全符合上述条件的几乎没有。一般说来，目前临床上使用的大多数禽用抗寄生虫药，在规定的剂量范围内，对动物安全有效，即使出现一些不良反应，通常亦能耐过。但用药不当，如剂量过大，疗程太长，用法不妥，则可能会引起严重的不良反应，甚至中毒死亡。

由于多种因素，如动物年龄、性别、体质、病理过程、饲养管理条件等均影响禽对抗寄生虫药的耐受性。有时在某一养殖场使用安全的药物，在另一场地使用时，则可能引起动物出现严重的反应，甚至大批死亡。同一药物，相同的给药途径，甚至还会因溶媒的差异而发生意外。另外，在使用抗寄生虫药物前，应加强饲养管理，增强禽抵抗力，提高动物对药物的耐受性。

3. 防止耐药虫株产生 随着抗寄生虫药的广泛应用，世界各地均已发现耐药虫种。一旦出现耐药虫株，不仅对某种药物具有耐药性，甚至还出现交叉耐药现象，使得某一类药物驱虫效果降低或丧失，从而给寄生虫病的防治带来更大困难。现已证实，产生耐药虫株多与小剂量（低浓度）长期或反复使用抗寄生虫药有关。如20世纪80年代初，曾广泛使用的氯苯胍和氢溴酸常山酮抗球虫效果极佳，但由于不间断地在养禽场连续应用，2～3年后，致使这类药物基本上丧失了抗球虫活性。目前广泛应用的聚醚类抗生素和地克珠利等高效抗球虫药，都有不同程度的耐药虫株出现。因此，在制定驱虫、杀虫计划时，应定期更换或交替使用不同类型的抗寄生虫药，以减少耐药虫株的出现。

4. 减少对人和环境危害 抗寄生虫药通常对人体都有一定的危害性，因此，使用时应采取必要防护措施，避免使用过程中药物对人体产生刺激、过敏反应，甚至中毒死亡等事故的发生。一些毒性较大的药物，如大多数杀虫药，使用不当还会对环境造成污染，而盛放这些药物的容器或器具必须妥善处理，以免污染环境，减少对人类的危害。

一、驱线虫药

（一）苯并咪唑类

·阿苯达唑·

阿苯达唑具有广谱驱虫作用。对线虫敏感，对绦虫、吸虫也有较强作用（但需较大剂量），对血吸虫无效。作用机理主要是与线虫的微管蛋白结合发挥作用。阿苯达唑对线虫微管蛋白的亲和力显著高于哺乳动物的微管蛋白，因此对哺乳动物的毒性很小。本品不但对成虫作用强，对未成熟虫体和幼虫也有较强作用，还有杀虫卵作用。

【药物相互作用】阿苯达唑与吡喹酮合用可提高前者的血药浓度。

·阿苯达唑片·

【作用与用途】抗蠕虫药。用于线虫病、绦虫病和吸虫病。

【用法与用量】以阿苯达唑计。内服：一次量，每千克体重10～20mg。

【注意事项】（1）推荐剂量对鸡赖利绦虫成虫高效，对鸡蛔虫成虫驱虫率在90%左右；但对鸡异刺线虫、毛细线虫、扭状头饰带绦虫成虫效果极差。

（2）按25mg/kg的剂量对鹅剑带绦虫、棘口吸虫疗效可达100%。

【休药期】4d。

·芬苯达唑·

芬苯达唑为苯并咪唑类抗蠕虫药，抗虫谱不如阿苯达唑广，作用略强。对蛔虫、食道口线虫成虫及幼虫有效。对鸡胃肠道和呼吸道线虫有良效。

【作用与用途】抗蠕虫药。用于线虫病和绦虫病。

【用法与用量】以芬苯达唑计。芬苯达唑片，内服：一次量，每千克体重10～50mg。

【不良反应】按规定的用法与用量使用，一般不会产生不良反应。由于死亡的寄生虫释放抗原，可继发产生过敏性反应，特别是在高剂量时。

【注意事项】可能伴有致畸胎和胚胎毒性的作用，妊娠前期忌用。

【休药期】暂未规定。

·氟苯达唑预混剂·

【作用与用途】用于驱除胃肠道线虫及绦虫。

【用法与用量】以氟苯达唑计。混饲：常用量，每千克饲料30mg，连用4～7d。

【注意事项】暂无。

【休药期】14d。

·氧苯达唑·

【作用与用途】用于胃肠道线虫病。

【用法与用量】内服：一次量，每千克体重35～40mg。

【注意事项】参见阿苯达唑片。

【休药期】暂未规定。

（二）咪唑并噻唑类

·左旋咪唑·

本品属咪唑并噻唑类抗线虫药，对大多数线虫具有活性。其驱虫作用机理是兴奋蠕虫的副交感和交感神经节，表现为烟碱样作用；高浓度时，左旋咪唑通过阻断延胡索酸还原作用和琥珀酸氧化作用，干扰线虫的糖代谢，最终对蠕虫起麻痹作用，使活虫体排出。

本品除了具有驱虫活性外，还能明显提高免疫反应。它可恢复外周T淋巴细胞的细胞介导免疫功能，兴奋单核细胞的吞噬作用，对免疫功能受损的动物作用更明显。

【药物相互作用】(1) 具有烟碱作用的药物如噻嘧啶、甲噻嘧啶、乙胺嗪，胆碱酯酶抑制药如有机磷、新斯的明等，可增加左旋咪唑的毒性，不宜联用。

（2）左旋咪唑可增强某些疫苗的免疫反应和效果。

·盐酸左旋咪唑片·

【作用与用途】抗蠕虫药。用于胃肠道线虫病、肺丝虫病。

【用法与用量】以盐酸左旋咪唑计。内服：一次量，每千克体重 25mg。

【注意事项】左旋咪唑引起的中毒症状与有机磷中毒相似，可试用阿托品解毒。

【休药期】28d。

·盐酸左旋咪唑注射液·

【作用与用途】抗蠕虫药。用于胃肠道线虫病、肺丝虫病。

【用法与用量】以盐酸左旋咪唑计。皮下、肌内注射：一次量，每千克体重 25mg。

【休药期】28d。

（三）杂环化合物

·哌　嗪·

哌嗪对敏感线虫产生箭毒样作用。哌嗪对某些特定线虫有效，对蛔虫具有优良的驱虫效果。

【药物相互作用】（1）与噻嘧啶或甲噻嘧啶产生颉颃作用，不应同时使用。

（2）泻药不宜与哌嗪同用，因为哌嗪在发挥作用前就会被排出。

·磷酸哌嗪片·

【作用与用途】抗蠕虫药。主要用于蛔虫病。

【用法与用量】内服：一次量，每千克体重 0.2～0.5g。

【注意事项】(1) 饮水或混饲给药时，必须在 8～12h 内用完，使用前应该禁食（饮）12h。

(2) 对未成熟虫体通常应重复用药才有较好效果。

【休药期】14d。

·枸橼酸哌嗪·

【作用与用途】抗蠕虫药。主要用于蛔虫病。

【用法与用量】内服：一次量，每千克体重 250mg。

【注意事项】【休药期】同磷酸哌嗪。

二、抗绦虫药

·吡 喹 酮·

吡喹酮具有广谱抗血吸虫和抗绦虫作用。对各种绦虫的成虫具有极高的活性，对幼虫也具有良好的活性；对血吸虫有很好的驱杀作用。在体外低浓度的吡喹酮似可损伤绦虫的吸盘功能并兴奋虫体的蠕动，较高浓度药物则可增强绦虫链体（节片链）的收缩（在极高浓度时为不可逆收缩）。此外，吡喹酮可引起绦虫包膜特殊部位形成灶性空泡，继而使虫体裂解。

【药物相互作用】与阿苯达唑、地塞米松合用时，可降低吡喹酮的血药浓度。

【作用与用途】抗蠕虫药。主要用于绦虫病。

【用法与用量】以吡喹酮计。吡喹酮片，内服：一次量，每千克体重 10～20mg。

【注意事项】暂无。

【休药期】28d。

·氯硝柳胺·

【作用与用途】用于绦虫病。

【用法与用量】以氯硝柳胺计。内服：一次量，每千克体重50～60mg。

【注意事项】在给药前，应禁食12h。内服200mg/kg的量才对火鸡赖利绦虫具良好驱杀效果。

【休药期】暂未规定。

·硫双二氯酚·

【作用与用途】用于吸虫病和绦虫病。

【用法与用量】内服：一次量，每千克体重100～200mg。

【注意事项】乙醇等能促进硫双二氯酚的吸收，可加强毒性反应，忌同时使用。

【休药期】暂未规定。

三、抗原虫药

（一）抗球虫药

1. 聚醚类（离子载体）抗生素

·莫能菌素·

莫能菌素为单价离子载体类广谱抗球虫药。对鸡的毒害、柔嫩、巨型、变位、堆型和布氏等艾美耳属球虫均有很好的杀灭效果。莫能菌素的作用峰期是在球虫生活周期的最初2天，对子孢子及第一代裂殖体都有抑制作用，在球虫感染后第2天用药效果最好。

【药物相互作用】通常不宜与其他抗球虫药合用，因合用后常使药物的毒性增强；泰妙菌素可影响本品的代谢，导致雏鸡体重减轻，甚至中毒死亡。

·莫能菌素预混剂·

【作用与用途】 用于预防球虫病。

【用法与用量】 以莫能菌素计。混饲：每千克饲料90～110mg。

【注意事项】（1）禁止与泰妙菌素合用，否则有中毒的危险。

（2）高剂量（120mg/kg）莫能菌素对鸡的球虫免疫力有明显抑制效应，但停药后迅即恢复，因此肉鸡应连续用药；对雏鸡以低浓度（90～100mg/kg）或短期轮换给药为妥；超过16周龄鸡禁用。

（3）搅拌配料时，防止与使用者的皮肤、眼睛接触。

【休药期】 5d。

·盐　霉　素·

盐霉素为聚醚类离子载体抗球虫药，其作用峰期是在球虫生活周期的最初两日，对子孢子及第一代裂殖体都有抑制作用。对鸡的毒害、柔嫩、巨型、和缓、堆型、布氏等艾美耳属球虫均有作用，尤其对巨型及布氏艾美耳球虫效果最强。对鸡球虫的子孢子、第一二代裂殖子均有明显作用。

【药物相互作用】 禁与泰妙菌素合用，因泰妙菌素能阻止盐霉素代谢而导致肉鸡体重减轻，甚至死亡。必须应用时，至少应间隔7d。

·盐霉素预混剂·

【作用与用途】 用于预防球虫病。

【用法与用量】 以盐霉素计。混饲：每千克饲料60mg。

【注意事项】（1）本品安全范围较窄，每千克饲料80mg浓度就可使雏鸡摄食减少而影响增重，应严格控制混饲浓度；高剂量

(80mg/kg，按饲料）盐霉素，使宿主对球虫产生的免疫力有一定抑制作用。

(2) 禁与泰妙菌素及其他抗球虫药合用。

【休药期】5d。

·盐霉素钠预混剂·

【作用与用途】【用法与用量】【不良反应】【注意事项】【休药期】同盐霉素预混剂。

·甲基盐霉素·

本品为单价聚醚类离子载体抗球虫药。其抗球虫效力大致与盐霉素相同。对鸡的堆型、布氏、巨型和毒害等艾美耳属球虫的抗球虫效果有显著差异。

【药物相互作用】甲基盐霉素与尼卡巴嗪合用，虽可降低药量，维持有效的抗球虫效应，但亦能提高热应激时肉鸡的死亡率；与泰妙菌素合用可干扰鸡体内甲基盐霉素的代谢，导致增重受抑制。

·甲基盐霉素钠预混剂·

【作用与用途】用于预防球虫病。

【用法与用量】以甲基盐霉素计。混饲：每千克饲料60～80mg。

【不良反应】本品毒性较盐霉素更强，对鸡安全范围较窄，超剂量使用，会引起鸡的死亡。

【注意事项】(1) 本品毒性较盐霉素强，对鸡安全范围较窄，使用时必须精确计算用量。

(2) 甲基盐霉素对鱼类毒性较大，喂药的鸡粪及残留药物的用具，不可污染水源。

(3) 本品限用于肉鸡。

（4）禁止与泰妙菌素、竹桃霉素合用。

（5）拌料时应注意防护，避免本品与人的眼、皮肤接触。

【休药期】5d。

·甲基盐霉素-尼卡巴嗪预混剂·

为甲基盐霉素与尼卡巴嗪（1∶1）的复方。

【作用与用途】用于预防球虫病。

【用法与用量】以甲基盐霉素计。混饲：每千克饲料60～100mg。

【注意事项】（1）高温季节使用本品时，会出现热应激反应，甚至死亡。

（2）甲基盐霉素对鱼类毒性较大，喂药的鸡粪及残留药物的用具，不可污染水源。

（3）禁止与泰妙菌素、竹桃霉素合用。

【休药期】5d。

·拉沙洛西钠·

拉沙洛西钠为二价聚醚类离子载体抗生素。其抗球虫作用机理与莫能菌素相似，但两者对离子的亲和力不同。拉沙洛西可捕获和释放二价阳离子。除对鸡的堆型艾美耳球虫作用稍差外，对柔嫩、毒害、巨型及和缓等艾美耳属球虫的作用较强。对球虫子孢子、第一代和第二代裂殖子均有抑杀作用。此外，拉沙洛西还能促进动物生长，增加体重和提高饲料利用率。主要用于防治鸡的球虫病。本品的优点是可以与泰妙菌素或其他促生长剂合用，而且其增重效果优于单独用药。

【药物相互作用】参见盐霉素。

·拉沙洛西钠预混剂·

【作用与用途】用于预防球虫病。

【用法与用量】以拉沙洛西计。混饲：每千克饲料 75～125mg。

【注意事项】（1）严格按规定浓度使用，饲料中药物浓度超过 150mg/kg（以拉沙洛西计）会导致鸡生长抑制和中毒。

（2）应根据球虫感染严重程度和疗效及时调整用药浓度。

（3）高浓度混料对饲养在潮湿鸡舍的雏鸡，能增加热应激反应，使死亡率升高。

（4）拌料时应注意防护，避免本品与眼、皮肤接触。

【休药期】3d。

·马度米星铵·

马度米星铵为一价单糖苷离子载体抗球虫药，抗球虫谱广。对鸡的毒害、巨型、柔嫩、堆型、布氏、变位等艾美耳球虫有高效，而且对其他聚醚类抗球虫药耐药的虫株也有效。马度米星能干扰球虫生活史的早期阶段，即球虫发育的子孢子期和第一代裂殖体，不仅能抑制球虫生长，且能杀灭球虫。

【药物相互作用】参见盐霉素。

·马度米星铵预混剂·

【作用与用途】用于预防球虫病。

【用法与用量】以马度米星计。混饲：每千克饲料 5mg。

【不良反应】毒性较大，安全范围窄，较高浓度每千克饲料 7mg 混饲即可引起鸡不同程度的中毒甚至死亡。

【注意事项】（1）用药时必须精确计量，并使药料充分拌匀，勿随意加大使用浓度。

（2）鸡喂马度米星后的粪便切勿用作牛、羊等动物的饲料，否则会引起中毒，甚至死亡。

【休药期】5d。

·马度米星铵尼卡巴嗪预混剂·

【作用与用途】用于预防球虫病。

【用法与用量】以本品计（规格 500g：马度米星 2.5g＋尼卡巴嗪 62.5g)。混饲：每千克饲料 500mg，连用 5～7d。

【不良反应】(1) 高温季节使用本品时，会出现热应激反应，甚至死亡。

(2) 本品主要成分尼卡巴嗪对产蛋鸡所产鸡蛋的质量和孵化率有一定影响。

【注意事项】(1) 蛋鸡产蛋期禁用。

(2) 本品主要成分马度米星的毒性较大，安全范围窄，7mg/kg 混饲即可引起鸡中毒，甚至死亡，不宜过量使用。

(3) 高温季节慎用。

【休药期】7d。

·海南霉素钠·

海南霉素钠属于聚醚类抗球虫药。具有广谱抗球虫作用，对鸡的柔嫩、毒害、堆型、巨型、和缓艾美耳球虫等有高效。

【药物相互作用】禁与其他抗球虫药合用。

·海南霉素钠预混剂·

【作用与用途】用于预防球虫病。

【用法与用量】以海南霉素计。混饲，每千克饲料 5～7.5mg。

【注意事项】(1) 本品毒性较大，使用海南霉素后的鸡粪便切勿用作其他动物饲料，更不能污染水源。

(2) 仅用于鸡，其他动物禁用。

(3) 禁与其他抗球虫药物合用。

【休药期】 7d。

2. 化学合成类

·二 硝 托 胺·

二硝托胺对鸡的多种艾美耳球虫，如柔嫩、毒害、布氏、堆型和巨型艾美耳球虫有效，特别是对柔嫩、毒害艾美耳球虫作用较强，对堆型艾美耳球虫效果稍差。二硝托胺对球虫的活性高峰期是在感染后第3天，且对卵囊的孢子形成亦有些作用。使用推荐剂量不影响鸡对球虫产生免疫力。

·二硝托胺预混剂·

【作用与用途】 用于球虫病。

【用法与用量】 以二硝托胺计。混饲：每千克饲料125mg。

【不良反应】 按规定的用法用量使用尚未见不良反应。

【注意事项】 (1) 停药过早，常致球虫病复发，因此肉鸡宜连续应用。

(2) 二硝托胺粉末颗粒的大小会影响抗球虫作用，应为极微细粉末。

(3) 饲料中添加量超过250mg/kg（以二硝托胺计）时，若连续饲喂15d以上可抑制雏鸡增重。

【休药期】 3d。

·尼 卡 巴 嗪·

尼卡巴嗪对鸡的多种艾美耳球虫均有良好的防治效果。主要对球虫的第二代裂殖体有效，其作用峰期是感染后第4天。主要用于防治鸡、火鸡球虫病。球虫对本品不易产生耐药性，对其他抗球虫药耐药的球虫，使用尼卡巴嗪多数仍然有效。尼卡巴嗪对蛋的质量和孵化率有一定影响。

·尼卡巴嗪预混剂·

【作用与用途】 用于球虫病。

【用法与用量】 以尼卡巴嗪计。混饲：每千克饲料100～125mg。

【不良反应】（1）夏季高温季节使用本品时，会增加应激和死亡率。

（2）本品能使产蛋率、受精率及鸡蛋质量下降和棕色蛋壳色泽变浅。

【注意事项】（1）夏天高温季节应慎用。

（2）由于尼卡巴嗪对雏鸡有潜在的生长抑制效应，因此限用于3周龄内的鸡。

【休药期】 4d。

·癸氧喹酯·

喹啉类抗球虫药，主要作用是阻碍球虫子孢子的发育，作用峰期为球虫感染后的第1天。由于能明显抑制宿主机体对球虫产生免疫力，因此，在肉鸡整个生长周期应连续应用。球虫对癸氧喹酯易产生耐药性，应定期轮换用药。

·癸氧喹酯预混剂·

【作用与用途】 用于预防球虫病。

【用法与用量】 以癸氧喹酯计。混饲：每千克饲料27mg，连用7～14d。

【注意事项】 预混剂不能用于含皂土的饲料中。

【休药期】 5d。

·癸氧喹酯溶液·

【作用与用途】用于预防球虫病。

【用法与用量】以癸氧喹酯计。混饮：每升水 15～30mg，连用 7d。

【休药期】5d。

·盐酸氨丙啉·

对鸡的各种球虫均有作用，其中对柔嫩与堆型艾美耳球虫的作用最强，对毒害、布氏、巨型、和缓艾美耳球虫的作用较弱。主要作用于球虫第一代裂殖体，阻止其形成裂殖子，作用峰期在感染后的第 3 天。此外，对有性繁殖阶段和子孢子也有抑制作用。

【药物相互作用】由于氨丙啉与维生素 B_1 能产生竞争性颉颃作用，若混饲浓度过高，可导致雏鸡出现维生素 B_1 缺乏症。而当饲料中的维生素 B_1 含量超过 10mg/kg 时，其抗球虫效果减弱。与乙氧酰胺苯甲酯合用有协同作用。

·盐酸氨丙啉可溶性粉·

【作用与用途】用于防治球虫病。

【用法与用量】以盐酸氨丙啉计。混饮：每升水 240mg，连用 5～7d。

【注意事项】饲料中维生素 B_1 的含量在 10mg/kg 以上时，与本品有明显的颉颃作用，抗球虫作用降低。

【休药期】暂未规定。

·复方盐酸氨丙啉可溶性粉·

为盐酸氨丙啉与磺胺喹噁啉（1∶1）及少量维生素 K_3 的复方。

【作用与用途】用于防治球虫病。

【用法与用量】以本品计。混饮：每升水 500mg。治疗时连用 3d，停 2～3d，再用 2～3d；预防时连用 2～4d。

【注意事项】饲料中的维生素 B_1 含量在 10mg/kg 以上时，与本品有明显的颉颃作用，抗球虫作用降低。

【休药期】7d。

·盐酸氨丙啉-乙氧酰胺苯甲酯预混剂·

为盐酸氨丙啉与乙氧酰胺苯甲酯（25：1.6）的复方。

【作用与用途】用于防治球虫病。

【用法与用量】以盐酸氨丙啉计。混饲：每千克饲料，125mg。

【注意事项】饲料中的维生素 B_1 含量在 10mg/kg 以上时，与本品有明显的颉颃作用，抗球虫作用降低。

【休药期】3d。

·盐酸氨丙啉-乙氧酰胺苯甲酯-磺胺喹噁啉预混剂·

为盐酸氨丙啉（20）与乙氧酰胺苯甲酯（1）及磺胺喹噁啉（12）组成的复方。

【作用与用途】用于防治球虫病。

【用法与用量】以盐酸氨丙啉计。混饲：每千克饲料 100mg。

【注意事项】饲料中的维生素 B_1 含量在 10mg/kg 以上时，与本品有明显的颉颃作用，抗球虫作用降低。

【休药期】7d。

·氯 羟 吡 啶·

氯羟吡啶对鸡的艾美耳属球虫有效，特别是对柔嫩艾美耳球虫作用最强。氯羟吡啶对球虫的作用峰期是子孢子期，即感染后第 1 天，主要对其产生抑制作用。在用药后 60d 内，可使子孢子在肠上皮细胞内不能发育。因此，必须在雏鸡感染球虫前或感染同时给药，才能充分发挥抗球虫作用。

·氯羟吡啶预混剂·

【作用与用途】用于预防球虫病。

【用法与用量】以氯羟吡啶计。混饲：每千克饲料 125mg。

【注意事项】（1）本品能抑制鸡对球虫产生免疫力，停药过早易导致球虫病暴发。

（2）肉鸡用于全育雏期。

（3）对本品产生耐药球虫的鸡场，不能换用喹啉类抗球虫药，如癸氧喹酯等。

【休药期】5d。

·盐 酸 氯 苯 胍·

盐酸氯苯胍对鸡的艾美耳球虫等有良效，且对其他抗球虫药产生耐药性的球虫仍有效。主要抑制球虫第一代裂殖体的生殖，对第二代裂殖体亦有作用，其作用峰期在感染后的第 3 天。

·盐酸氯苯胍片·

【作用与用途】用于球虫病。

【用法与用量】以盐酸氯苯胍计。内服：一次量，每千克体重 10～15mg。

【注意事项】（1）应用本品防治某些球虫病时停药过早，常导致球虫病复发，应连续用药。

（2）长期或高浓度（60mg/kg 饲料）混饲，可引起鸡肉异臭。但低浓度（<30mg/kg 饲料）不会产生上述现象。

【休药期】5d。

·盐酸氯苯胍预混剂·

【作用与用途】用于球虫病。

【用法与用量】以盐酸氯苯胍计。混饲：每千克饲料 30～60mg。

【注意事项】(1) 应用本品防治某些球虫病时停药过早，常导致球虫病复发，应连续用药。

(2) 长期或高浓度（60mg/kg 饲料）混饲，可引起鸡肉异臭。但低浓度（<30mg/kg 饲料）不会产生上述现象。

【休药期】5d。

·地 克 珠 利·

地克珠利为三嗪类广谱抗球虫药，具有杀球虫效应，对球虫发育的各个阶段均有作用。作用峰期在子孢子和第一代裂殖体的早期阶段。对鸡的艾美耳球虫均有良好的效果。本品长期使用易诱导耐药性产生，故应穿梭用药或短期使用。

·地克珠利预混剂·

【作用与用途】用于预防球虫病。

【用法与用量】以地克珠利计。混饲：每千克饲料 1mg。

【注意事项】(1) 预混剂使用前应与饲料充分拌匀，否则影响疗效或产生不良反应。

(2) 由于本品较易引起球虫的耐药性，甚至交叉耐药性，所以连用不得超过 6 个月。

(3) 应避免接触皮肤和眼睛。

【休药期】5d。

·地克珠利溶液·

【作用与用途】用于预防球虫病。

【用法与用量】以地克珠利计。混饮：每升水0.5～1mg。

【注意事项】（1）本品溶液的饮水液稳定期仅为4h，因此，必须现用现配，否则影响疗效。

（2）本品药效期短，停药1d，抗球虫作用明显减弱，2d后作用基本消失。因此，必须连续用药以防球虫病再度暴发。

（3）地克珠利较易引起球虫的耐药性，甚至交叉耐药性，因此，连用不得超过6个月。轮换用药不宜应用同类药物（如托曲珠利）。

（4）操作人员在使用地克珠利溶液时，应避免与人的皮肤、眼睛接触。

（5）蛋鸡产蛋期禁用。

【不良反应】【休药期】同地克珠利预混剂。

·托曲珠利溶液·

【作用与用途】用于防治球虫病。

【用法与用量】以托曲珠利计。混饮：每升水25mg，连用2d。

【注意事项】（1）稀释后的药液超过48h不宜给鸡饮用。

（2）药液稀释超过1 000倍可能会析出结晶而影响药效，但过高的浓度会影响鸡的饮水量。

（3）眼或皮肤不慎接触到药液时，应及时用水冲洗。

【休药期】8d。

·磺胺喹噁啉·

磺胺喹噁啉为治疗球虫病的专用磺胺类药。对鸡的巨型、布氏和堆型艾美耳球虫作用最强，对柔嫩和毒害艾美耳球虫作用较弱，需用较高剂量才能见效。常与氨丙啉或二甲氧苄啶合用，以增强药效。本品的作用峰期在第二代裂殖体（球虫感染第3～4天），不影响鸡只产生球虫免疫力。

· 磺胺喹噁啉钠可溶性粉 ·

【作用与用途】 用于球虫病。

【用法与用量】 以磺胺喹噁啉钠计。混饮：每升水300～500mg。

【注意事项】（1）连续饮用不得超过5d，否则肉鸡易出现中毒反应。

（2）鉴于不少细菌和球虫已产生耐药性，甚至交叉耐药性，加之其抗虫谱窄，毒性较大，因此，本品宜与其他抗球虫药（如氨丙啉或抗菌增效剂）联合应用。

【休药期】 10d。

· 磺胺喹噁啉-二甲氧苄啶预混剂 ·

为磺胺喹噁啉与二甲氧苄啶（5∶1）的复方。

【作用与用途】 用于球虫病。

【用法与用量】 以磺胺喹噁啉计。混饲：每千克饲料100mg。

【注意事项】（1）不得作为饲料添加剂长期应用，连续用药不得超过5d。

（2）其他参见磺胺嘧啶。

【休药期】 10d。

· 磺胺氯吡嗪钠 ·

磺胺氯吡嗪为磺胺类抗球虫药，作用峰期是球虫第二代裂殖体，对第一代裂殖体也有一定作用。本品不影响宿主对球虫产生免疫力。

【作用与用途】 用于治疗球虫病。

【用法与用量】以磺胺氯吡嗪钠计。磺胺氯吡嗪钠可溶性粉，混饮：每升水 300mg，连用 3d；混饲：每千克饲料 600mg，连用 3d。

【注意事项】（1）毒性较磺胺喹噁啉低，但长期使用亦可出现中毒症状。因此，按推荐饮水浓度连续饮用不得超过 5d。

（2）鉴于不少球虫已经产生耐药性，甚至交叉耐药性，加之其抗虫谱窄，毒性较大，因此，本品宜与其他抗球虫药（如氨丙啉或抗菌增效剂）联合应用。

（3）不得在饲料中长期添加使用。

【休药期】1d。

·磺胺氯吡嗪钠-二甲氧苄啶溶液·

为磺胺氯吡嗪钠与二甲氧苄啶（5∶1）的复方。

【作用与用途】用于球虫病。

【用法与用量】以磺胺氯吡嗪钠计。混饮：每升水 150～300mg，连用 3～5d。

【注意事项】（1）超量或超期使用易发生中毒，连续用药不得超过 5d。

（2）其他参见磺胺嘧啶。

【休药期】10d。

（二）抗滴虫药

家禽业生产中，危害性较大的滴虫病主要是组织滴虫病。组织滴虫多寄生于禽类盲肠和肝脏，引起盲肠肝炎（黑头病）。

目前，可供选用的硝基咪唑类抗滴虫药有甲硝唑和地美硝唑。这类药物存在的最大问题，是具有潜在的致突变和致癌效应，因此美国 FDA 仍未批准专用于动物的这类商品制剂上市。此类药物在我国目前仅限于治疗用途，且食品动物可食性组织中不得检出。

·地美硝唑·

地美硝唑属于抗原虫药，具有广谱抗原虫作用。抗组织滴虫、纤毛虫、阿米巴原虫等。

【药物相互作用】不能与其他抗组织滴虫药联合应用。

【作用与用途】用于组织滴虫病。

【用法与用量】以地美硝唑计。地美硝唑预混剂，混饲：每千克饲料80～500mg。

【注意事项】（1）不能与其他抗组织滴虫药联合使用。

（2）鸡对本品较为敏感，大剂量可引起平衡失调，肝肾功能损伤。连续用药不得超过10d。

（3）用药后应有足够休药期，以保证可食性组织中不得检出残留。

【休药期】3d。

四、杀外寄生虫药

·环丙氨嗪·

环丙氨嗪属于杀虫药，可抑制双翅目幼虫的蜕皮，特别是第1期幼虫蜕皮，使蝇蛆繁殖受阻，也可使蝇蚴不能蜕皮而死亡。鸡内服给药，即使在粪便中含药量极低也可彻底杀灭蝇蛆。

【作用与用途】用于控制鸡舍内蝇幼虫的繁殖。

【用法与用量】以环丙氨嗪计。预混剂，混饲：每千克饲料5mg，连用4～6周；可溶性粉，每20m^{2}用1g加水15L，喷雾或喷洒；颗粒剂，干撒：每10m^2 200mg；洒水：每10m^{2}用50mg加水10L；喷雾：每10m^2 100mg加水1～4L。

【注意事项】（1）避免儿童接触，存放在儿童不可触及的地方。

（2）本品药料浓度达 25mg/kg 时，可使饲料消耗量增加，达 500mg/kg以上可使饲料消耗量减少，1 000mg/kg 以上长期喂养可能因摄食过少而死亡。

（3）每公顷土地施用饲喂本品的鸡粪以 1～2t 为宜，超过 9t 以上可能对植物生长不利。

【休药期】 3d。

·甲基吡啶磷·

甲基吡啶磷主要以胃毒为主，兼有触杀作用。本品能杀灭苍蝇、蟑螂、蚂蚁及部分昆虫的成虫。持续期长达 10 周以上。由于这类昆虫成虫具有不停地舔食的生活习性，通过胃毒起作用的效果更好。

【作用与用途】 用于杀灭鸡舍等处的成蝇。

【用法与用量】 以甲基吡啶磷计。可湿性粉，涂布：每 $200m^2$ 用 25g 与糖 200g，加温水适量使成糊状，涂 30 个点；颗粒剂，撒布：每 $10m^2$ 200mg，用水湿润。

【注意事项】（1）使用时避免与皮肤、黏膜和眼睛接触；应远离儿童和动物处。

（2）废弃物不能污染河流、池塘、下水道及环境。

（3）有蜂群密集处禁用。

（4）药液接触皮肤或溅入眼中，立即用大量水冲洗；动物误食中毒，可用饮水洗胃，必要时加药用炭；出现中毒症状时可用阿托品解毒。

第三节 解热镇痛抗炎药物

解热镇痛抗炎药是一类具有解热镇痛、多数还具有抗炎、抗风湿作用的药物。该类药物以阿司匹林为代表，由于不含甾体结构，因此又称为非甾体抗炎药。目前我国批准兽用的解热镇痛抗炎药有阿司匹林、对乙酰氨基酚、安乃近、安替比林、氨基比林、萘普生、水杨酸钠、氟尼辛葡甲胺、替泊沙林、卡巴匹林钙等，其中卡巴匹林钙是唯一批准可用于家禽的品种。

·卡巴匹林钙·

卡巴匹林钙为阿司匹林钙与尿素络合的盐。鸡口服进入体内后，水解为阿司匹林（乙酰水杨酸），发挥解热、镇痛和抗炎作用。

·卡巴匹林钙可溶性粉·

【作用与用途】用于缓解鸡的发热和疼痛。

【用法与用量】以卡巴匹林钙计。内服：一次量，每千克体重40～80mg。

【注意事项】（1）不得与其他水杨酸类解热镇痛药合用。

（2）糖皮质激素能刺激胃酸分泌，降低胃及十二指肠黏膜对胃酸的抵抗力，与本品合用可使胃肠出血加剧，与碱性药物合用，使疗效降低，一般不宜合用。

（3）连续用药不应超过5d。

【休药期】0d。

第四节　调节组织代谢药物

一、维生素类药

维生素是一类结构各异、维持动物体正常代谢和机能所必需的低分子有机化合物。大多数必须从日粮中获得，仅少数可在体内合成或由肠道内微生物合成。

动物机体每日对维生素的需要量很少，但其作用是其他物质所无法替代的。维生素与三大营养物质蛋白质、碳水化合物、脂肪不同，既不是形成机体各组织器官的原料，也不是能量物质，而主要是体内某些酶的辅酶（或辅基）中的组分，在物质代谢中起着重要的催化剂作用。每一种维生素对动物机体都有其特定的功能，机体缺乏或利用不当时会出现特异的维生素缺乏症，轻者可致食欲降低、生长发育受阻、生产性能下降和抵抗力降低，重者引起死亡。

维生素类药物主要用于防治维生素缺乏症，临床上也可用于某些疾病的辅助治疗。但应注意，维生素除有其改善代谢等特定的作用外，在过量和长期使用时，又会使动物出现维生素中毒或不良反应，如多次大剂量使用脂溶性维生素，尤其是维生素 A 和维生素 D，易使动物发生蓄积性中毒。

维生素的一般作用包括：

1. 促进肉鸡生长发育，改善饲料报酬　科学使用维生素添加剂，可提高饲料的营养全价性和利用率，促进生长发育，大幅度提高饲料报酬。例如，肉鸡饲料中添加多种维生素，饲养期可缩短 5～6d，饲料报酬可提高 10%～15%。

2. 提高种母鸡的繁殖性能　种母鸡缺乏维生素 E，种蛋孵化期间易造成胚胎死亡；种蛋中含有足够的维生素可提高孵化率。种母鸡缺乏维生素 B_2、维生素 B_6、维生素 B_{12}、烟酸及泛酸时，产蛋率及孵化率均降低。

3. 增强抵抗应激能力　在运输、冷应激或热应激、饲养密度过高等状况下，饲料中适当补加维生素 C 和维生素 E，有利于减轻各种应激对肉鸡造成的不利影响。热应激或其他应激时，肉鸡对维生素的需要量增加，此时添加维生素 C 有较好的抗应激效果。维生素对维持家禽正常的免疫功能亦具有重要的作用，日粮中补充高于需要量3～6倍的维生素 E，可提高家禽体液免疫力和激发吞噬作用而提高抗病能力。

现已发现具有维生素样功能的物质，有50多种，公认为维生素的有14种。有些物质，已被证明在某些方面具有维生素的生物学作用，少数动物必须由饲粮提供，但没有证明大多数动物必须由饲粮提供，称为类维生素，主要有甜菜碱、肌醇、肉毒碱等。各种维生素在化学结构上没有共同性，且化学结构与生理功能之间也未发现有合理的分类依据，所以根据其溶解性，通常把维生素分为脂溶性维生素和水溶性维生素两类。

（一）脂溶性维生素

脂溶性维生素易溶于大多数有机溶剂，不溶于水，包括维生素A、维生素D、维生素E和维生素K。

脂溶性维生素在日粮中常与脂类共存，在肠道的吸收与脂类的吸收密切相关，腹泻、胆汁缺乏或其他因素导致脂类吸收不良时，其吸收亦减少，甚至发生缺乏症。脂溶性维生素吸收后主要贮存于肝脏和脂肪组织，以缓释方式供机体利用。长期超量使用超过机体的贮存限量时，会引起动物中毒。

·维生素A·

【作用与用途】主要用于防治维生素A缺乏症，如干眼病、夜盲症、角膜软化症和皮肤粗糙等。亦可用于皮肤、黏膜炎症的辅助治疗。

【注意事项】过量可致中毒。急性毒性表现为兴奋，视力模糊，脑水肿，呕吐；慢性毒性表现为采食量下降、皮肤病变与内脏受损等。

·维生素D·

【作用与用途】用于防治维生素D缺乏所致的疾病，如佝偻病、骨软症等。

【注意事项】（1）当维生素 D 摄入量过多时，会引起中毒症状，表现为早期骨骼的钙化加速，后期则增大钙和磷自骨骼中的溶出量，使血钙、血磷的水平提高，骨骼变得疏松、容易变形，甚至畸形和断裂；致使血管、尿道和肾脏等多种组织钙化；如雏鸡每千克日粮中含有维生素 D 3 400 万 U 时，就会出现关节、心脏、肾脏、肺等内脏和其他软组织异常的钙盐沉积，最终由于肾小管严重损伤，导致尿中毒死亡。

（2）维生素 D 过多还会间接干扰其他脂溶性维生素的代谢。

·维生素 A D 油·

【作用与用途】 用于维生素 A、维生素 D 缺乏症。

【用法与用量】 内服：一次量，1～2mL。

【注意事项】 用时应注意补充钙剂。维生素 A 易因长期或过量补充而产生毒性反应，中毒时应立即停用本品和钙剂。

·鱼　肝　油·

【作用与用途】 主要用于维生素 A、维生素 D 缺乏症。

【用法与用量】 内服：一次量，1～2mL。

【注意事项】（1）用时应注意补充钙剂。

（2）维生素 A 易因长期或过量补充而产生毒性反应，长期超大剂量应用时，可引起高血钙，大量钙盐沉积在肾、肺、心肌等软组织上，对肾损害尤为严重，肉鸡常导致肾脏肿大、尿酸盐沉积、花斑肾、肾结石等。由于这些钙主要来自骨质，故骨因脱钙而变脆，容易发生变形和骨折。

（3）中毒时应立即停用本品和钙剂。

·维生素 E·

【作用与用途】 用于防治因维生素 E 缺乏所致雏鸡的脑软化和渗

出性素质等。还常与维生素A、维生素D和B族维生素配合，用于应激、生长不良、营养不良等综合性缺乏症。

【用法与用量】 内服，一次量，2～3mg（脑软化病）。混饲：每吨饲料，雏鸡5mg。

【注意事项】（1）本品毒性小，但高剂量维生素E可诱导雏鸡的凝血障碍，抑制雏鸡的生长，并加重钙、磷引起的骨钙化不全。

（2）饲料中不饱和脂肪酸含量愈高，动物对维生素E的需求量越大。

（3）饲料中矿物质、糖的含量变化、其他维生素的缺乏等均可加重维生素E缺乏。

（二）水溶性维生素

水溶性维生素包括B族维生素和维生素C，均易溶于水。B族维生素包括维生素B_1、维生素B_2、泛酸、胆碱、烟酰胺、生物素、叶酸、维生素B_{12}等。酵母中含有丰富的B族维生素。肉鸡需要从饲料中获得足够的B族维生素才能满足其生长发育需要。水溶性维生素在体内不易贮存，摄入的多余量全部由尿排出，因此毒性很低。

·复合维生素B溶液·

为维生素B_1、维生素B_2和维生素B_6等制成的水溶液。

【作用与用途】 用于防治B族维生素缺乏所致的多发性神经炎、消化障碍、癞皮病、口腔炎等。

【用法与用量】 混饮：一次量，每升水10～30mL。

【休药期】 无需制定。

·泛　酸　钙·

【作用与用途】 用于泛酸缺乏症。

【用法与用量】混饲：每吨饲料 6～15g。

【注意事项】泛酸钙单独贮放，其稳定性好，但不耐酸、碱，也不耐高温。若在 pH≥8 或 pH<5 的环境条件下损失加快。在 35℃条件下贮存 2 年，损失高达 70%，在多维预混料中，与烟酸是配伍禁忌，切勿直接接触，同时要注意防潮。

二、钙、磷与微量元素

矿物质元素是动物机体的重要组成成分，是一类无机营养素。在动物体内约有 55 种矿物元素，目前已证明必需的矿物元素有 18 种。在动物体内含量高于 0.01%、动物对其需求量大的元素称为常量矿物元素，包括钙、磷、钠、钾、氯、镁、硫 7 种，本节主要介绍钙和磷。在动物体内含量低于 0.01%、需求量少的元素称为微量矿物元素，包括铁、锌、锰、铜、钴、碘、硒、钼、氟、铬、硼 11 种，它们对动物的生长代谢过程起着重要的调节作用，缺乏时可引起各种疾病，并影响动物生长和繁殖性能，但过多也会引起中毒，甚至死亡。

钙和磷广泛分布于土壤和植物中，为动植物的生长所必需。在现代畜牧业生产中，常用含钙的矿物质饲料有石粉、牡蛎粉和蛋壳粉，同时含钙、磷的饲料有骨粉；植物性饲料中的磷大都是利用率低的植酸磷。常用的钙、磷类药物有氯化钙、葡萄糖酸钙、碳酸钙、乳酸钙、磷酸二氢钠、磷酸氢二钠、磷酸二氢钙、磷酸氢钙、磷酸钙等。

·氯　化　钙·

【作用与用途】临床上作为钙的补充药，用于低血钙症及毛细血管通透性增加所致疾病。

【用法与用量】混饲，肉鸡推荐使用量 1.0%～2.5%。

【注意事项】由于本品价格远高于石粉，故多用于特种动物或试验饲料，肉鸡的大宗饲料较少使用。此外，氯化钙水溶性远远优于碳酸钙，故更适于液体饲料。

本品吸湿性强，吸湿后对金属具腐蚀性，同时也可能破坏饲料中其他成分。与皮肤接触会引起腐蚀起泡。摄取过多钙会导致钙磷比例失调及阻碍微量元素的吸收。肉鸡对钙的最大耐受量（以日粮基础计）为 2%。氯对鸡的致毒量为 1 500mg/kg。

·碳　酸　钙·

【作用与用途】用于骨软症等缺钙性疾病。

【用法与用量】一般家禽日粮中钙的最少需要量为 0.7%，最适需要量 1%。如应用碳酸钙补充钙质，要求日粮中钙最少需要量为 0.7%。

【注意事项】摄取过多钙会导致钙磷比例失调及阻碍微量元素的吸收。动物对钙最大耐受量（以日粮基础计）为：肉鸡 2%。本品易产生粉尘，操作人员应穿戴防尘口罩，注意防护。

·磷 酸 氢 钙·

【作用与用途】用于钙、磷缺乏症。也用于促使家禽增重，同时治疗软骨病，防止鸡的异食癖等。

【用法与用量】饲料中的添加量为 1%～2%。

【注意事项】天然磷矿多含有氟元素，因此，需严格控制磷酸氢钙产品中的氟含量。

·亚硒酸钠-维生素 E 预混剂·

为亚硒酸钠（0.04%）与维生素 E（0.5%）加碳酸钙配制而成。

【作用与用途】用于雏鸡渗出性素质等。

【用法与用量】以本品计。混饲：每吨饲料 500～1 000g。

【注意事项】暂无。

【休药期】暂无。

三、其他

·二 氢 吡 啶·

【作用与用途】能提高种肉鸡的受精率。

【用法与用量】混饲：每吨饲料，种肉鸡150g。

【注意事项】现配现用，饲喂前与饲料混合。

【休药期】7d。

·盐酸甜菜碱预混剂·

【作用与用途】用于促生长。

【用法与用量】以盐酸甜菜碱计。混饲：每吨饲料 1 500～4 000g。

·氯化胆碱溶液·

【作用与用途】用于促生长。

【用法与用量】以氯化胆碱计。混饲：每吨饲料500～800g。

【注意事项】先把所需用量的本品与10倍量的饲料混合，然后再与所需的饲料总量均匀混合即可。

第五节 消毒防腐药物

消毒防腐药是杀灭病原微生物或抑制其生长繁殖的一类药物。其中，消毒药指能杀灭病原微生物的药物，主要用于环境、肉鸡舍、排泄物、用具和器械等非生物物质表面的消毒；防腐药指能抑制病原微生物生长繁殖的药物，主要用于抑制局部皮肤、黏膜和创伤等生物体表微生物，也用于食品、生物制品的防腐。二者没有绝对的界限，高浓度的防腐药也具有杀菌作用，低浓度的消毒药也只有抑菌作用。

各类消毒防腐药的作用机理各不相同，可归纳为以下三种：①使菌体蛋白质变性、沉淀，故称为“一般原浆毒”，如酚类、醇类、醛类、重金属盐类；②改变菌体细胞膜通透性，如表面活性剂；③破坏或干扰生命必需的酶系统，如氧化剂、卤素类。

防腐消毒药的作用受病原微生物的种类、药物浓度和作用时间、环境温度和湿度、环境pH、有机物及水质等的影响，使用时应加以注意。

根据化学结构和药物作用，肉鸡用消毒防腐药主要分为酚类、醛类、醇类、表面活性剂、碱类、卤素类、氧化剂类等。

一、酚类

·苯酚（酚或石炭酸）·

苯酚为原浆毒，使菌体蛋白凝固变性而呈现杀菌作用。0.1%～1%溶液有抑菌作用，1%～2%溶液有杀灭细菌和真菌作用，5%溶液可在48h内杀死炭疽芽孢，对病毒的作用较弱。碱性环境、脂类和皂类等能减弱其杀菌作用。

【作用与用途】用于器械、用具和环境等消毒。

【用法与用量】配成2%～5%溶液。

【注意事项】（1）本品对皮肤和黏膜有腐蚀性，对动物和人有较强的毒性，不能用于创面和皮肤的消毒。

（2）忌与碘、溴、高锰酸钾、过氧化氢等配伍应用。

·复 合 酚·

为酚、醋酸及十二烷基苯磺酸等配制而成。

【作用与用途】能杀灭多种细菌和病毒，用于鸡舍、器具、排泄物和车辆等消毒。

【用法与用量】喷洒：配成 0.3%～1% 水溶液。浸涤：配成 1.6%水溶液。

【注意事项】(1) 对皮肤、黏膜有刺激性和腐蚀性，对动物和人有较强的毒性，不能用于创面和皮肤的消毒。

(2) 禁与碱性药物或其他消毒剂混用。

·甲酚皂溶液·

甲酚为原浆毒，使菌体蛋白凝固变性而呈现杀菌作用。抗菌作用比苯酚强 3～10 倍，毒性大致相等，但消毒作用比苯酚低，较苯酚安全。可杀灭一般繁殖型病原菌，对芽孢无效，对病毒作用较弱。

【作用与用途】用于器械、肉鸡舍或排泄物等消毒。

【用法与用量】喷洒或浸泡：配成 5%～10%的水溶液。

【注意事项】(1) 甲酚有特臭，不宜在肉联厂和食品加工厂等应用，以免影响食品质量。

(2) 由于色泽污染，不宜用于棉、毛纤制品的消毒。

(3) 对皮肤有刺激性，注意保护使用者的皮肤。

·氯甲酚溶液·

氯甲酚对细菌繁殖体、真菌和结核杆菌均有较强的杀灭作用，但不能杀灭细菌芽孢。有机碱可减弱其杀菌效果。pH 较低时，杀菌效果较好。

【作用与用途】用于畜禽舍及环境消毒。

【用法与用量】喷洒消毒：1∶33～1∶100 稀释。

【注意事项】(1) 本品对皮肤、黏膜有腐蚀性。

(2) 现用现配，稀释后不宜久贮。

二、醛类

·甲 醛 溶 液·

通常称为福尔马林，含甲醛不少于36.0%（g/g）。可与蛋白质中的氨基结合，使蛋白质凝固变性，其杀菌作用强，对细菌、芽孢、真菌、病毒都有效。

【作用与用途】用于鸡舍熏蒸消毒。

【用法与用量】以本品计。空间熏蒸消毒：15mL/m^3；器械消毒：配成2%溶液；种蛋熏蒸消毒：对刚产的种蛋每立方米空间用甲醛溶液42mL、高锰酸钾21g、水7mL，熏蒸20min，对洗涤室、垫料、运雏箱则需熏蒸消毒30min；入孵第一天的种蛋用甲醛溶液28mL、高锰酸钾14g、水5mL，熏蒸20min。

【注意事项】（1）对皮肤、黏膜有强刺激性；药液污染皮肤，应立即用肥皂和水清洗。

（2）甲醛气体有强致癌作用，尤其肺癌。

（3）消毒后在物体表面形成一层具腐蚀作用的薄膜。

·复方甲醛溶液·

为甲醛、乙二醛、戊二醛和苯扎氯铵与适宜辅料配制而成。

【作用与用途】用于鸡舍及器具消毒。

【用法与用量】鸡舍、物品、运输工具消毒：1∶（200～400）稀释；发生疫病时消毒：1∶（100～200）稀释。

【注意事项】（1）对皮肤、黏膜有强刺激性，操作人员要做好防护措施。

（2）温度低于5℃时，可适当提高使用浓度。

（3）忌与肥皂及其他阴离子表面活性剂、盐类消毒剂、碘化物和过氧化物等合用。

·浓戊二醛溶液·

戊二醛为灭菌剂，具有广谱、高效和速效消毒作用。对革兰氏阳性和阴性细菌均具有迅速的杀灭作用，对细菌繁殖体、芽孢、病毒、结核分支杆菌和真菌等均有很好的杀灭作用。水溶液pH为7.5～7.8时，杀菌作用最佳。

【作用与用途】主要用于鸡舍及器具的消毒。

【用法与用量】以戊二醛计。喷洒、浸泡消毒：配成2%溶液，消毒15～20min或放置至干。

【注意事项】（1）避免接触皮肤和黏膜，如接触后应及时用水冲洗干净。

（2）不应接触金属器具。

·（稀）戊二醛溶液·

【作用与用途】用于鸡舍及器具的消毒。

【用法与用量】以戊二醛计。喷洒使浸透：配成0.78%溶液，保持5min或放置至干。

【注意事项】避免接触皮肤和黏膜。

·复方戊二醛溶液·

为戊二醛和苯扎氯铵配制而成。

【作用与用途】用于鸡舍及器具的消毒。

【用法与用量】喷洒：1∶150稀释，9mL/m^2；涂刷：1∶150稀释，无孔材料表面100mL/m^2，有孔材料表面300mL/m^2。

【注意事项】（1）易燃。为避免被灼烧，避免接触皮肤和黏膜，避免吸入，使用时需谨慎，应配备防护衣、手套、护面和护眼用具等。

(2) 禁与阴离子表面活性剂及盐类消毒剂合用。

·季铵盐戊二醛溶液·

为苯扎氯铵、癸甲溴铵和戊二醛配制而成。配有无水碳酸钠。

【作用与用途】 用于鸡舍日常环境消毒。可杀灭细菌、病毒、芽孢。

【用法与用量】 以本品计。临用前将消毒液碱化（每 100mL 消毒液加无水碳酸钠 2g，搅拌至无水碳酸钠完全溶解），再用自来水将碱化液稀释后喷雾或喷洒：200mL/m²，消毒 1h。日常消毒，1∶250～1∶500 稀释；杀灭病毒，1∶100～1∶200 稀释；杀灭芽孢，1∶1～1∶2稀释。

【注意事项】 (1) 使用前将肉鸡舍清理干净。

(2) 对具有碳钢或铝设备的肉鸡舍进行消毒时，需在消毒 1h 后及时清洗残留的消毒液。

(3) 消毒液碱化后 3d 内用完。

(4) 产品发生冻结时，用前进行解冻，并充分摇匀。

三、季铵盐类

·辛氨乙甘酸溶液·

为两性离子表面活性剂。对化脓球菌、肠道杆菌等及真菌有良好的杀灭作用，对细菌芽孢无杀灭作用。具有低毒、无残留特点，有较好的渗透性。

【作用与用途】 用于鸡舍、环境、器械、种蛋和手的消毒。

【用法与用量】 鸡舍、环境、器械消毒：1∶100～1∶200 稀释；种蛋消毒：1∶500 倍稀释；手消毒：1∶1 000 稀释。

【注意事项】（1）忌与其他消毒药合用。

（2）不宜用于粪便、污秽物及污水的消毒。

·苯扎溴铵溶液·

为阳离子表面活性剂，对细菌如化脓球菌、肠道杆菌等有较好的杀灭作用，对革兰氏阳性菌的杀灭能力强于革兰氏阴性菌。对病毒的作用较弱，对亲脂性病毒如流感有一定的杀灭作用，对亲水性病毒无效。对结核杆菌和真菌杀灭效果甚微。对细菌芽孢只能起到抑制作用。

【作用与用途】用于手术器械、皮肤和创面消毒。

【用法与用量】以苯扎溴铵计。创面消毒：配成0.01%溶液；皮肤、手术器械消毒：配成0.1%溶液。

【注意事项】（1）禁与肥皂或其他阴离子表面活性剂、盐类消毒药、碘化物和过氧化物等合用，经肥皂洗手后，务必用水冲洗干净后再用本品。

（2）不适用于粪便、污水和皮革等消毒。

（3）可引起人的药物过敏。

·癸甲溴铵溶液·

为阳离子表面活性剂，能吸附于细菌表面，改变菌体细胞膜的通透性，呈现杀菌作用。具有广谱、高效、无毒、抗硬水、抗有机物等特点，适用于环境、水体、器具等消毒。

【作用与用途】用于鸡舍、饲喂器具和饮水等消毒。

【用法与用量】以癸甲溴铵计。鸡舍、器具消毒：配成0.015%～0.05%溶液；饮水消毒：配成0.002 5%～0.005%溶液溶液。

【注意事项】（1）原液对皮肤和眼睛有轻微刺激，避免接触眼睛、皮肤和黏膜，如溅及眼睛和皮肤，立即以大量清水冲洗至少15min。

(2) 内服有毒性，如误食立即用大量清水或牛奶洗胃。

·度 米 芬·

为阳离子表面活性剂，可用作消毒剂、除臭剂和杀菌防霉剂。对革兰氏阳性和阴性菌均有杀灭作用，但对阴性菌需较高浓度。对细菌芽孢、耐酸细菌和病毒效果不显著。有抗真菌作用。在中心或弱碱性溶液中效果更好，在酸性溶液中效果下降。

【作用与用途】用于创面、黏膜、皮肤和器械消毒。

【用法与用量】创面、黏膜消毒：0.02%～0.05%溶液；皮肤、器械消毒：0.05%～0.1%溶液。

【不良反应】可引起人接触性皮炎。

【注意事项】(1) 禁止与肥皂、盐类和其他合成洗涤剂、无机碱合用。

(2) 避免使用铝制容器。

(3) 消毒金属器械需加0.5%亚硝酸钠防锈。

·醋酸氯己定·

为阳离子表面活性剂，对革兰氏阳性、阴性菌和真菌均有杀灭作用，但对结核杆菌、细菌芽孢及某些真菌仅有抑制作用。杀菌作用强于苯扎溴铵，迅速且持久，毒性低，无局部刺激作用。不易被有机物灭活，但易被硬水中的阴离子沉淀而失去活性。

【作用与用途】用于皮肤、黏膜、手术创面、手及器械等消毒。

【用法与用量】皮肤消毒：配成0.5%醇溶液（以70%乙醇配制）；黏膜及创面消毒：配成0.05%溶液；手消毒：配成0.02%溶液；器械消毒：配成0.1%溶液。

【注意事项】(1) 禁与肥皂、碱性物质和其他阳离子表面活性剂混合使用，金属器械消毒时加0.5%亚硝酸钠防锈。

（2）禁与汞、甲醛、碘酊、高锰酸钾等消毒剂配伍应用。

（3）本品遇硬水可形成不溶性盐，遇软木（塞）可失去药物活性。

·月苄三甲氯铵溶液·

【作用与用途】 用于鸡舍及器具消毒。

【用法与用量】 鸡舍消毒，喷洒：1∶300稀释；器具消毒，浸洗：1∶1 000～1∶1 500稀释。

【注意事项】 禁与肥皂、酚类、原酸盐类、酸类、碘化物等合用。

四、碱类

·氢氧化钠（苛性钠）·

为一种高效消毒剂。属原浆毒，能杀灭细菌、芽孢和病毒。2%～4%溶液可杀死病毒和细菌；30%溶液10min可杀死芽孢；4%溶液45min可杀死芽孢。

【作用与用途】 用于鸡舍、仓库地面、墙壁、工作间、入口处、运输车船和饲饮具等消毒。

【用法与用量】 消毒：配成1%～2%热溶液用于喷洒或洗刷消毒。2%～4%溶液用于病毒、细菌的消毒。5%溶液用于养殖场消毒池及对进出车辆的消毒。

【注意事项】（1）遇有机物可使其杀灭病原微生物的能力降低。

（2）消毒鸡舍前应驱出肉鸡。

（3）对组织有强腐蚀性，能损坏织物和铝制品等。

（4）消毒时应注意防护，消毒后适时用清水冲洗。

五、卤素类

·含氯石灰（漂白粉）·

遇水生成次氯酸，释放活性氯和新生态氧而呈现杀菌作用。杀菌作用强但不持久。对细菌繁殖体、芽孢、病毒及真菌都有杀灭作用，并可破坏肉毒梭菌毒素。1%溶液作用0.5～1min即可抑制多数繁殖型细菌的生长，1～5min可抑制葡萄球菌和链球菌的生长，但对结核分支杆菌和鼻疽杆菌效果较差。30%混悬液作用7min，炭疽芽孢及停止生长。杀菌作用受有机物的影响，实际消毒时，与被消毒物的接触至少需15～20min。含氯石灰中所含的氯可与氨和硫化氢发生反应，故有除臭作用。

【作用与用途】用于饮水、厩舍、场地、车辆及排泄物的消毒。

【用法与用量】5%～20%混悬液用于厩舍、地面和排泄物的消毒。饮水消毒：每50L水加本品1g，30min后即可饮用。

【注意事项】（1）对皮肤和黏膜有刺激作用，消毒人员应注意防护。

（2）对金属有腐蚀作用，不能用于金属制品。

（3）可使有色棉织物褪色，故不可用于有色衣物的消毒。

（4）现配现用，久贮易失效，保存于阴凉干燥处。

·次氯酸钠溶液·

【作用与用途】用于鸡舍、器具及环境的消毒。

【用法与用量】以本品计。鸡舍、器具消毒，1∶50～1∶100稀释。禽流感病毒疫源地消毒，1∶10稀释。常规消毒，1∶1 000稀释。

【注意事项】（1）本品对金属有腐蚀性，对织物有漂白作用。

（2）可伤害皮肤，置于儿童不能触及处。

（3）包装物用后集中销毁。

·复合次氯酸钙粉·

由次氯酸钙和丁二酸配合而成。遇水生成次氯酸，释放活性氯和新生态氧而呈现杀菌作用。

【作用与用途】 用于空舍、周边环境喷雾消毒和禽类饲养全过程的带禽喷雾消毒，饲养器具的浸泡消毒和物体表面的擦洗消毒。

【用法与用量】（1）配制消毒母液：打开外包装后，先将A包内容物溶解到10L水中，待搅拌完全溶解后，再加入B包内容物，搅拌，至完全溶解。

（2）喷雾：空鸡舍和环境消毒，1∶15～1∶20稀释，每米^3 150～200mL作用30min；带鸡消毒，预防和发病时分别按1∶20和1∶15稀释，每米^3 50mL作用30min。

（3）浸泡、擦洗饲养器具，1∶30稀释，按实际需要量作用20min。

（4）对特定病原体如大肠杆菌、金黄色葡萄球菌1∶140稀释，巴氏杆菌、禽流感病毒1∶30稀释，法氏囊病毒1∶120稀释，新城疫病毒1∶480稀释，口蹄疫病毒1∶2 100稀释。

【注意事项】（1）配制消毒母液时，袋内的A包与B包必须按顺序一次性全部溶解，不得增减使用量。配制好的消毒液应在密封非金属容器中贮存。

（2）配制消毒液的水温不得超过50℃和低于25℃。

（3）若母液不能一次用完，应放于10L桶内，密闭，置凉暗处，可保存60d。

（4）禁止内服。

·复合亚氯酸钠·

与盐酸合用可生产二氧化氯而发挥杀菌作用。对细菌繁殖体、芽孢、病毒及真菌都有杀灭作用，并可破坏肉毒梭菌毒素。二氧化氯形成的多少与溶液的 pH 有关，pH 越低，二氧化氯形成越多，杀菌作用越强。

【作用与用途】用于禽舍、饲喂器具及饮水等消毒，并有除臭作用。

【用法与用量】本品 1g 加水 10mL 溶解，加活化剂 1.5mL 活化后，加水至 150mL 备用。禽舍、饲喂器具消毒：15～20 倍稀释；饮水消毒：200～1 700 倍稀释。

【注意事项】（1）避免与强还原剂及酸性物质接触。注意防爆。

（2）本品浓度为 0.01%时对铜、铝有轻度腐蚀性，对碳钢有中度腐蚀。

（3）现配现用。

·二氯异氰尿酸钠粉·

含氯消毒剂。在水中分解为次氯酸和氯脲酸，次氯酸释放活性氯和新生态氧，对细菌原浆蛋白产生氯化和氧化反应而呈现杀菌作用。

【作用与用途】主要用于禽舍、器具及种蛋等消毒。

【用法与用量】以有效氯计。禽饲养场所、器具消毒：每升水 0.1～1g；种蛋消毒，浸泡：每升水 0.1～0.4g；疫源地消毒：每升水 0.2g。

【注意事项】所需消毒溶液现配现用，对金属有轻微腐蚀，可使有色棉织品退色。

·三氯异氰脲酸粉·

含氯消毒剂。在水中分解为次氯酸和氯脲酸，次氯酸释放活性氯和新生态氧，对细菌原浆蛋白产生氯化和氧化反应而呈现杀菌作用。

【作用与用途】 主要用于禽舍、器具及饮水消毒。

【用法与用量】 以有效氯计。喷洒、冲洗、浸泡：鸡饲养场地的消毒，配成 0.16%溶液；饲养用具，配成 0.04%溶液；饮水消毒，每升水 0.4mg，作用 30min。

【注意事项】 本品对人的皮肤与黏膜有刺激作用，对织物、金属有漂白或腐蚀作用，使用时注意防护。

·溴氯海因粉·

为有机溴氯复合型消毒剂，能同时解离出溴和氯分别形成次氯酸和次溴酸，有协调增效作用。溴氯海因具广谱杀菌作用，对细菌繁殖型芽孢、真菌和病毒有杀灭作用。

【作用与用途】 用于鸡舍、运输工具等的消毒。

【用法与用量】 以本品计。喷洒、擦洗或浸泡：环境或运载工具消毒，鸡新城疫、法氏囊病按 1∶333 稀释，细菌繁殖体按 1∶1 333 稀释。

【注意事项】（1）本品对炭疽芽孢无效。

（2）禁用金属容器盛放。

·碘·

碘能引起蛋白质变性而具有极强的杀菌力，能杀死细菌、芽孢、霉菌、病毒和部分原虫。碘难溶于水，在水中不易水解形成次碘酸。在碘水溶液中具有杀菌作用的成分为元素碘（I_2）、三碘化物的离子（I_3^-）和次碘酸（HIO)，其中次碘酸的量较少，但作用最强，I_2 次之，解离的 I_3^- 杀菌作用极微弱。在酸性条件下，游离碘增多，杀菌作用较强；在碱性条件下则相反。商品化碘消毒剂较多。

【药物相互作用】与含汞化合物相遇，产生碘化汞而呈现毒性作用。

【不良反应】使用时偶尔引起过敏反应。

【注意事项】(1) 对碘过敏的动物禁用。

(2) 禁与含汞化合物配伍。

(3) 必须涂于干的皮肤上，如涂于湿皮肤上，不仅杀菌效力降低，且易引起发泡和皮炎。

(4) 配制碘液时，若碘化物过量加入，可使游离碘变为碘化物，反而导致碘失去杀菌作用。配制的碘溶液应存放在密闭容器内。

(5) 若存放时间过久，颜色变淡，应测定碘含量，并将碘浓度补足后再使用。

(6) 碘可着色，沾有碘液的天然纤维织物不易洗除。

(7) 长时间浸泡金属器械会产生腐蚀性。

·碘　酊·

碘酊是常用最有效的皮肤消毒药。含碘2%，碘化钾1.5%，加水适量，以50%乙醇配制。

【作用与用途】用于手术前和注射前皮肤消毒和术野消毒。

【用法与用量】外用：涂擦皮肤。

【不良反应】【注意事项】同碘。

·碘　甘　油·

碘甘油刺激性较小。含碘1%，碘化钾1%，加甘油适量配制而成。

【作用与用途】用于黏膜表面消毒，治疗口腔、舌、齿龈、阴道等黏膜炎症与溃疡。

【用法与用量】涂擦皮肤。

【不良反应】【注意事项】同碘。

·碘　　附·

碘附由碘、碘化钾、硫酸、磷酸等配制而成。

【作用与用途】 用于鸡舍、饲喂器具、种蛋消毒。

【用法与用量】 以本品计。鸡舍、饲喂器具、种蛋消毒，用水1∶100～1∶200稀释。

【不良反应】【注意事项】 同碘。

·碘酸混合溶液·

【作用与用途】 用于鸡舍、肉鸡产品加工场所、用具及饮水的消毒。

【用法与用量】 病毒类消毒：配成0.66%～2%溶液；鸡舍及用具消毒：配成0.33%～0.50%溶液；饮水消毒：配成0.08%溶液。

【不良反应】【注意事项】 同碘。

·聚维酮碘溶液·

通过释放游离碘，破坏菌体新陈代谢，对细菌、病毒和真菌均有良好的杀灭作用。

【作用与用途】 常用于手术部位、皮肤和黏膜消毒。

【用法与用量】 以聚维酮碘计。带鸡消毒可用0.5%溶液。

【注意事项】（1）当溶液变为白色或淡黄色即失去消毒活性。

（2）勿用金属容器盛装。

（3）勿与强碱类物质及重金属物质混用。

·蛋氨酸碘溶液·

为蛋氨酸与碘的络合物。通过释放游离碘，破坏菌体新陈代谢，对细菌、病毒和真菌均有良好的杀灭作用。

【作用与用途】主要用于鸡舍消毒。

【用法与用量】以本品计。鸡舍消毒：取本品稀释500～2 000倍后喷洒。

【注意事项】勿与维生素C类强还原物同时使用。

六、氧化剂类

·过氧乙酸溶液·

为强氧化剂，遇有机物放出初生态氧初生氧化作用而杀灭病原微生物。

【作用与用途】用于鸡舍、用具（食槽、水槽）、场地的喷雾消毒及鸡舍内空气消毒。可以带鸡消毒，也可用于饲养人员手臂消毒。

【用法与用量】以本品计。喷雾消毒：鸡舍1∶200～1∶400稀释；熏蒸消毒：5～15mL/m^3；浸泡消毒：器具等1∶500稀释。饮水消毒：每10L水加本品1mL。

【注意事项】（1）使用前将A、B液混合反应10h生产过氧乙酸消毒液。

（2）本品腐蚀性强，操作时戴上防护手套，避免药液灼伤皮肤。

（3）稀释时避免使用金属器具。

（4）稀释液易分解，宜现用现配。

（5）配好的溶液应低温、避光、密闭保存，置玻璃瓶内或硬质塑料瓶内。

·过硫酸氢钾复合物粉·

【作用与用途】用于鸡舍、空气和饮水等消毒。

【用法与用量】鸡舍环境、饮水设备及空气消毒、终末消毒、设备消毒、孵化场消毒、脚踏盆消毒：1∶200 稀释；饮用水消毒：1∶1 000稀释。用于特定病原体，如大肠杆菌、金黄色葡萄球菌、法氏囊：1∶400 稀释；用于链球菌：1∶800 稀释；用于禽流感：1∶1 600稀释。

【注意事项】（1）不得与碱类物质混存或合并使用。

（2）产品用尽后，包装不得乱丢，应集中处理。

（3）现配现用。

第六节　中兽药制剂

一、抗感染类中兽药制剂

·扶正解毒散·

【处方】板蓝根 60g、黄芪 60g、淫羊藿 30g。

【性状】本品为灰黄色的粉末；气微香。

【功能】扶正祛邪，清热解毒。

【主治】鸡法氏囊病。

【用法与用量】每只鸡 0.5～1.5g。

【不良反应】按规定剂量使用，暂未见不良反应。

·板二黄丸·

【处方】黄芪 600g、白术 450g、淫羊藿 400g、板蓝根 600g、连翘 300g、盐黄柏 350g、山楂 300g、地黄 350g。

【性状】本品为浓缩水丸，除去包衣后显棕褐色；味苦，微甘。

【功能】清热解毒，益气健脾。

【主治】用于鸡传染性法氏囊病的预防。

【用法与用量】一次量，每千克体重 2～3 丸，每日 2 次，连用 5d。

【不良反应】按规定剂量使用，暂未见不良反应。

·板 二 黄 片·

【处方】同板二黄丸。

【性状】本品为棕褐色的片；味苦、微甘。

【功能】【主治】同板二黄丸。

【用法与用量】一次量，每千克体重 2～3 片，每日 2 次，连用 5d。

【不良反应】同板二黄丸。

·板 二 黄 散·

【处方】同板二黄丸。

【性状】本品为棕褐色的粉末；味苦、微甘。

【功能】【主治】同板二黄丸。

【用法与用量】一次量，每千克体重 0.6～0.8g，每日 2 次，连用 5d。

【不良反应】同板二黄丸。

·板青败毒口服液·

【处方】金银花 500g、大青叶 500g、板蓝根 400g、蒲公英 240g、白英 240g、连翘 240g、甘草 240g、天花粉 150g、白芷 150g、防风 100g、赤芍 60g、浙贝母 140g。

【性状】本品为深棕色黏稠的液体；气香，味甜。

【功能】清热解毒，疏风活血。

【主治】用于鸡传染性法氏囊病的辅助治疗。

【用法与用量】每升水 2mL，连用 3d。

【不良反应】按规定剂量使用，暂未见不良反应。

·板芪苓花散·

【处方】党参 70g、黄芪 150g、板蓝根 150g、金银花 80g、大青叶 100g、苍术 60g、猪苓 100g、茯苓 80g、当归 70g、红花 30g、栀子 70g、甘草 40g。

【性状】本品为浅褐色的粉末；气清香，味苦、微甘。

【功能】清热解毒，益气活血。

【主治】鸡传染性法氏囊病辅助治疗。

【用法与用量】每千克饲料 20g。

【不良反应】按规定剂量使用，暂未见不良反应。

·公英青蓝合剂·

【处方】蒲公英 200g、大青叶 200g、板蓝根 200g、金银花 100g、黄芩 100g、黄柏 100g、甘草 100g、藿香 50g、石膏 50g。

【性状】本品为棕褐色的液体；味苦。

【功能】清热解毒。

【主治】传染性法氏囊病的辅助治疗。

【用法与用量】混饮：每升水 4mL，连用 3d。

【不良反应】按规定剂量使用，暂未见不良反应。

·公英青蓝颗粒·

【处方】同公英青蓝合剂。

【性状】本品为黄棕色的颗粒；味苦、微甘。

【功能】【主治】同公英青蓝合剂。

【用法与用量】混饮：每升水 4g，连用 3d。

【不良反应】同公英青蓝合剂。

·芪板青颗粒·

【处方】黄芪 250g、板蓝根 250g、金银花 250g、蒲公英 500g、大青叶 250g、甘草 150g。

【性状】本品为棕黄色的颗粒；味微甜。

【功能】清热解毒。

【主治】用于鸡传染性法氏囊病的辅助治疗。

【用法与用量】混饮：每升水 5g。

【不良反应】按规定剂量使用，暂未见不良反应。

·芪蓝囊病饮·

【处方】黄芪 300g、板蓝根 200g、大青叶 200g、地黄 200g、赤芍 100g。

【性状】本品为棕褐色的液体，久置后可见少量沉淀。

【功能】解毒凉血，益气养阴。

【主治】鸡传染性法氏囊病。

【用法与用量】每只鸡 1mL，连用 3～5d。

【不良反应】按规定剂量使用，暂未见不良反应。

·石 穿 散·

【处方】石膏 500g、板蓝根 300g、穿心莲 300g、葛根 200g、黄连 200g、地黄 200g、白头翁 300g、白芍 200g、木香 150g、秦皮 200g、连翘 150g、黄芩 200g、甘草 100g。

【性状】本品为浅黄色的粉末；气清香，味苦。

【功能】清热解毒，凉血止痢。

【主治】鸡传染性法氏囊病的辅助治疗。

【用法与用量】一次量，每千克体重0.6～0.9g，每日2次。

【不良反应】按规定剂量使用，暂未见不良反应。

·三黄金花散·

【处方】黄芪200g、黄连80g、蒲公英200g、板蓝根200g、金银花100g、黄芩100g、金荞麦200g、茵陈100g、茯苓200g、党参200g、大青叶200g、红花200g、藿香100g、甘草150g、石膏50g。

【性状】本品为棕褐色的粉末；味苦、甘。

【功能】清热解毒，益气健脾。

【主治】发热，神昏，发斑，泄泻；鸡传染性法氏囊病见上述证候者。

【用法与用量】每千克体重1.5～2.4g。

【不良反应】按规定剂量使用，暂未见不良反应。

·镇喘散·

【处方】香附300g、黄连200g、干姜300g、桔梗150g、山豆根100g、皂角40g、甘草100g、人工牛黄40g、蟾酥30g、雄黄30g、明矾50g。

【性状】本品为红棕色的粉末；气特异，味微甘、苦，略带麻舌感。

【功能】清热解毒，止咳平喘，通利咽喉。

【主治】鸡慢性呼吸道病，喉气管炎。

【用法与用量】每只鸡0.5～1.5g。

【不良反应】按规定剂量使用，暂未见不良反应。

·喉炎净散·

【处方】板蓝根840g、蟾酥80g、人工牛黄60g、胆膏120g、甘草40g、青黛24g、玄明粉40g、冰片28g、雄黄90g。

【性状】本品为棕褐色的粉末；气特异，味苦，有麻舌感。

【功能】清热解毒，通利咽喉。

【主治】鸡喉气管炎。

【用法与用量】每只鸡 0.05～0.15g。

【不良反应】按规定剂量使用，暂未见不良反应。

·柏麻口服液·

【处方】黄柏 100g、麻黄 50g、苦杏仁 75g、苦参 100g、大青叶 50g。

【性状】本品为棕色的液体；味苦。

【功能】清热平喘，燥湿止痢。

【主治】用于鸡传染性支气管炎的辅助治疗。

【用法与用量】每升水 9mL，连用 3～5d。

【不良反应】按规定剂量使用，暂未见不良反应。

·牛蟾颗粒·

【处方】人工牛黄 4g、蟾酥 2g、黄芩 1 000g、冰片 2g、甘草 200g。

【性状】本品为黄棕色至红棕色的颗粒；气微香，味甜、微苦。

【功能】清热解毒，止咳平喘。

【主治】鸡毒支原体感染的辅助治疗。

【用法与用量】一次量，每只鸡 0.3～0.6g，每日 2 次，连用 5d。

【不良反应】按规定剂量使用，暂未见不良反应。

·蟾胆片·

【处方】蟾酥 3g、胆膏 20g、珍珠母 300g、冰片 3g。

【性状】本品为淡黄色的片。

【功能】清热解毒，消肿散结，通窍止痛，止咳平喘。

【主治】用于鸡慢性呼吸道病的辅助治疗。

【用法与用量】一次量，每千克体重 0.5～1 片，每日 2 次，连用 5d。

【不良反应】按规定剂量使用，暂未见不良反应。

·三黄苦参散·

【处方】黄芩 45g、黄连 30g、黄柏 15g、穿心莲 45g、板蓝根 45g、甘草 10g、雄黄 5g、木香 45g、苦参 60g。

【性状】本品为黄褐色片；味苦。

【功能】清热燥湿，止痢。

【主治】雏鸡白痢。

【用法与用量】雏鸡每只 0.4g。

【不良反应】按规定剂量使用，暂未见不良反应

·四黄止痢颗粒·

本品为黄色至黄棕色的颗粒。

【处方】黄连 200g、黄柏 200g、大黄 100g、黄芩 200g、板蓝根 200g、甘草 100g。

【功能】清热泻火，止痢。

【主治】湿热泻痢，鸡大肠杆菌病。

【用法与用量】每升水 0.5～1g。

【不良反应】按规定剂量使用，暂未见不良反应。

·白龙散·

【处方】白头翁 600g、龙胆 300g、黄连 100g。

【性状】本品为浅棕黄色的粉末；气微，味苦。

【功能】清热燥湿，凉血止痢。

【主治】湿热泄泻，热毒血痢。

【用法与用量】每只鸡1～3g。

【不良反应】按规定剂量使用，暂未见不良反应。

·白头翁口服液·

【处方】白头翁300g、黄连150g、秦皮300g、黄柏225g。

【性状】本品为棕红色的液体；味苦。

【功能】清热解毒，凉血止痢。

【主治】湿热泄泻，下痢脓血。

【用法与用量】每只鸡2～3mL。

【不良反应】按规定剂量使用，暂未见不良反应。

·白 头 翁 散·

【处方】白头翁60g、黄连30g、黄柏45g、秦皮60g。

【性状】本品为浅灰黄色的粉末；气香，味苦。

【功能】清热解毒，凉血止痢。

【主治】湿热泄泻，下痢脓血。

证见精神沉郁，体温升高，食欲不振或废绝，口渴多饮，粪便稀薄或呈水样，混有脓血黏液，腥臭甚至恶臭。

【用法与用量】每只鸡2～3g。

【不良反应】按规定剂量使用，暂未见不良反应。

·加味白头翁散·

【处方】白头翁60g、黄连30g、黄柏45g、秦皮60g、地锦草60g、木香30g、藿香20g。

【性状】本品为灰褐色的粉末；气香，味苦。

【功能】清热凉血，止血止痢。

【主治】湿热泄泻，下痢脓血。

【用法与用量】混饲：每千克饲料16g。

【不良反应】按规定剂量使用，暂未见不良反应。

·白头翁痢康散·

【处方】白头翁150g、黄连30g、薏苡仁50g、半夏50g、黄芪100g、黄芩150g、白扁豆75g、补骨脂25g、车前草80g、陈皮50g、艾叶150g、甘草60g、益母草150g、党参100g、桔梗80g、青蒿50g、滑石粉30g、蒲公英50g。

【性状】本品为灰黄色的粉末；气微香，味苦、微甘。

【功能】清热解毒，凉血止痢，健脾利湿。

【主治】湿热泻痢，鸡白痢。

【用法与用量】每千克饲料5g。

【不良反应】按规定剂量使用，暂未见不良反应。

·白莲藿香片·

【处方】白头翁15g、穿心莲15g、广藿香15g、苦参10g、黄柏10g、黄连10g、雄黄10g、滑石10g。

【性状】本品为黄褐色的片；气微，味苦。

【功能】清热解毒，凉血止痢。

【主治】雏鸡白痢。

【用法与用量】一次量，雏鸡1片，每日2～3次。

【注意】限用于2周龄以内雏鸡。

【不良反应】按规定剂量使用，暂未见不良反应。

·白莲藿香散·

【处方】同白莲藿香片。

【性状】本品为黄褐色的粉末；气微，味苦。

【功能】【主治】同白莲藿香片。

【用法与用量】一次量，雏鸡 0.25g，每日 2～3 次。

【注意】限用于 2 周龄以内雏鸡。

【不良反应】按规定剂量使用，暂未见不良反应。

·白 榆 散·

【处方】白头翁 40g、黄连 10g、黄柏 20g、秦皮 20g、厚朴 10g、山药 40g、诃子（煨）20g、山楂（炭）60g、地锦草 40g、辣蓼 20g、马齿苋 40g、穿心莲 40g、金樱子 40g、石榴皮 20g、地榆 60g、苍术 20g、赤石脂 40g。

【性状】本品为棕色的粉末；气微香，味微苦。

【功能】清热燥湿，涩肠止泻。

【主治】腹泻。

【用法与用量】鸡 1.5g，连用 5d。

【不良反应】按规定剂量使用，暂未见不良反应。

·鸡 痢 灵 片·

【处方】雄黄 10g、藿香 10g、白头翁 15g、滑石 10g、诃子 15g、马齿苋 15g、马尾连 15g、黄柏 10g。

【性状】本品为棕黄色片；气微，味苦、涩。

【功能】清热解毒，涩肠止痢。

【主治】雏鸡白痢。

【用法与用量】雏鸡 2 片。

【不良反应】按规定剂量使用，暂未见不良反应。

·鸡 痢 灵 散·

【处方】同鸡痢灵片。

【性状】本品为棕黄色的粉末；气微，味苦。

【功能】【主治】同鸡痢灵片。

【用法与用量】雏鸡 0.5g。

【不良反应】按规定剂量使用，暂未见不良反应。

·雏 痢 净·

【处方】白头翁 30g、黄连 15g、黄柏 20g、马齿苋 30g、乌梅 15g、诃子 9g、木香 20g、苍术 60g、苦参 10g。

【性状】本品为棕黄色的粉末；气微，味苦。

【功能】清热解毒，涩肠止泻。

【主治】雏鸡白痢。

【用法与用量】雏鸡 0.3～0.5g。

【不良反应】按规定剂量使用，暂未见不良反应。

·金荞麦片·

本品为金荞麦经加工制成的片剂。

【性状】本品为棕褐色片；气微，味微涩。

【功能】清热解毒，活血化瘀，清热排脓。

【主治】鸡葡萄球菌病，细菌性下痢，呼吸道感染。

【用法与用量】鸡 3～5 片。

【不良反应】按规定剂量使用，暂未见不良反应。

·七清败毒片·

【处方】黄芩 100g、虎杖 100g、板蓝根 100g、大青叶 40g、白头翁 80g、苦参 80g、绵马贯众 60g。

【性状】本品为棕褐色片。

【功能】清热解毒，燥湿止痢。

【主治】湿热泻痢。

【用法与用量】一次量，每千克体重2片，每日2次，连用3d。

【不良反应】按规定剂量使用，暂未见不良反应。

·七清败毒颗粒·

【处方】同七清败毒片。

【性状】本品为黄棕色至棕褐色颗粒；味苦。

【功能】同七清败毒片。

【主治】湿热泻痢。

证见发热怕冷，精神沉郁，翅膀下垂，食欲减少或废绝，口渴多饮，排白色、淡黄或淡绿色稀粪，粪便粘连在泄殖腔周围。张口呼吸，死亡多在出壳后2～3周，3周龄以上者较少死亡。

【用法与用量】混饮：每升水2.5g。

【不良反应】按规定剂量使用，暂未见不良反应。

·穿白痢康丸·

【处方】穿心莲200g、白头翁100g、黄芩50g、功劳木50g、秦皮50g、广藿香50g、陈皮50g。

【性状】本品为黑色的水丸，除去包衣后显黄棕色至棕褐色，味苦。

【功能】清热解毒，祛湿止痢。

【主治】湿热泻痢，雏鸡白痢。

【用法与用量】一次量，雏鸡4丸，每日2次。

【不良反应】按规定剂量使用，暂未见不良反应。

·金石翁芍散·

【处方】金银花110g、生石膏130g、赤芍110g、白头翁110g、连翘65g、绵马贯众65g、苦参65g、麻黄110g、黄芪85g、板蓝根

85g、甘草 65g。

【性状】 本品为灰黄色的粉末；气香，味苦、微甘。

【功能】 除湿止痢，清热解毒。

【主治】 鸡大肠杆菌病和鸡白痢。

【用法与用量】 2～3 周龄雏鸡 1g，连用 3～5d。

【不良反应】 按规定剂量使用，暂未见不良反应。

·穿参止痢散·

【处方】 穿心莲 70g、苦参 30g。

【性状】 本品为灰绿色的粉末；气微，味苦。

【功能】 清热解毒，燥湿止痢。

【主治】 鸡大肠杆菌病，鸡白痢。

【用法与用量】 每千克饲料 4g。

【不良反应】 按规定剂量使用，暂未见不良反应。

·莲胆散·

【处方】 穿心莲 230g、桔梗 100g、猪胆粉 30g、板蓝根 50g、麻黄 100g、甘草 80g、金荞麦 100g、防风 70g、火炭母 150g、岗梅 50g、薄荷 40g。

【性状】 本品为灰绿色的粉末；气香，味甘、苦。

【功能】 清热解毒，宣肺平喘，利咽祛痰。

【主治】 鸡大肠杆菌病。

【用法与用量】 混饲：每千克饲料 5～10g。

【不良反应】 按规定剂量使用，暂未见不良反应。

·翁莲片·

【处方】 黄连 200g、功劳木 200g、穿心莲 200g、白头翁 200g、

苍术 150g、木香 150g、白芍 150g、乌梅 150g、甘草 100g。

【性状】本品为淡棕褐色至黄褐色的片；味苦、微酸。

【功能】清热燥湿，涩肠止痢。

【主治】鸡白痢。

【用法与用量】仔鸡 1 片。

【不良反应】按规定剂量使用，暂未见不良反应。

·翁柏解毒丸·

【处方】白头翁 120g、黄柏 60g、苦参 60g、穿心莲 60g、木香 30g、滑石 120g。

【性状】本品为黑色的浓缩水丸，去衣后呈黄棕色至棕褐色；气微、味苦。

【功能】清热解毒，燥湿止痢。

【主治】湿热泻痢；鸡白痢。

【用法与用量】一次量，鸡 3～6 丸，雏鸡 1～2 丸，每日 2 次。

【不良反应】按规定剂量使用，暂未见不良反应。

·翁柏解毒片·

【处方】同翁柏解毒丸。

【性状】本品为黄棕色至棕褐色的片；气微，味苦。

【功能】【主治】同翁柏解毒丸。

【用法与用量】一次量，成鸡 3～6 片，雏鸡 1～2 片，每日 2 次。

【不良反应】同翁柏解毒丸。

·翁柏解毒散·

【处方】同翁柏解毒丸。

【性状】本品为黄棕色至棕褐色的粉末；气微，味苦。

【功能】【主治】同翁柏解毒丸。

【用法与用量】一次量，成鸡0.6～1.2g，雏鸡0.2～0.4g，每日2次。

【不良反应】同翁柏解毒丸。

·黄芩解毒散·

【处方】黄芩500g、地锦草400g、女贞子220g、铁苋菜400g、马齿苋350g、老鹳草400g、玄参100g、地榆200g、金樱子200g。

【性状】本品为灰棕色的粉末；气微，味微苦。

【功能】清热解毒，涩肠止泻。

【主治】鸡大肠杆菌病。

【用法与用量】每千克饲料5～10g，连用5～7d；预防量减半。

【不良反应】按规定剂量使用，暂未见不良反应。

·清解合剂·

【处方】石膏670g、金银花140g、玄参100g、黄芩80g、生地黄80g、连翘70g、栀子70g、龙胆60g、甜地丁60g、板蓝根60g、知母60g、麦冬60g。

【性状】本品为红棕色液体；味甜、微苦。

【功能】清热解毒。

【主治】鸡大肠杆菌引起的热毒症。

【用法与用量】混饮：每升水2.5mL。

【不良反应】按规定剂量使用，暂未见不良反应。

·黄金二白散·

【处方】黄芩60g、黄柏60g、金银花40g、白头翁45g、白芍45g、栀子50g、连翘40g。

【性状】本品为黄褐色的粉末；味苦。

【功能】清热解毒，燥湿止痢。

【主治】湿热泻痢，鸡白痢。

【用法与用量】混饲：每千克饲料 6～12g。

【不良反应】按规定剂量使用，暂未见不良反应。

·银黄可溶性粉·

【处方】金银花 375g、黄芩 375g。

【性状】本品为棕黄色的粉末。

【功能】清热解毒，宣肺燥湿。

【主治】鸡大肠杆菌病。

【用法与用量】混饮：每升饮水 1g，连用 5d。

【规格】每 100g 相当于原生药 75g。

【不良反应】按规定剂量使用，暂未见不良反应。

·银黄板翘散·

【处方】黄连 50g、金银花 50g、板蓝根 45g、连翘 30g、牡丹皮 30g、栀子 30g、知母 30g、玄参 20g、水牛角浓缩粉 15g、白矾 10g、雄黄 10g、甘草 15g。

【性状】本品为棕黄色的粉末；味微苦。

【功能】清热，解毒，凉血。

【主治】用于鸡传染性支气管炎引起的发热、咳嗽、气喘、腹泻、精神沉郁等症。

【用法与用量】每只鸡 1～2g。

【不良反应】按规定剂量使用，暂未见不良反应。

·杨树花片·

本品为杨树花经加工制成的片剂。

【性状】本品为灰褐色片；味苦、微涩。

【功能】化湿止痢。

【主治】痢疾，肠炎。

【用法与用量】鸡 3～6 片。

【不良反应】按规定剂量使用，暂未见不良反应。

·杨树花口服液·

本品为杨树花经提取制成的合剂。

【功能】化湿止痢。

【性状】本品为红棕色的澄明液体。

【主治】痢疾，肠炎。

【用法与用量】每只鸡 1～2mL。

【不良反应】按规定剂量使用，暂未见不良反应。

二、抗寄生虫类中兽药制剂

·青　蒿　末·

本品为青蒿经加工制成的散剂。

【性状】本品为淡棕色的粉末；气香特异，味微苦。

【功能】清热解暑，退虚热，杀原虫。

【主治】鸡球虫感染所致的湿热泻痢。

【用法与用量】每只鸡 1～2g。

【不良反应】按规定剂量使用，暂未见不良反应。

·青蒿常山颗粒·

【处方】青蒿 300g、常山 300g、白头翁 200g、黄芪 200g。

【性状】本品为棕黄色至棕褐色的颗粒。

【功能】清热，凉血，止痢。

【主治】鸡球虫病。

【用法与用量】每升饮水 1.5g。

【不良反应】按规定剂量使用，暂未见不良反应。

·鸡球虫散·

【处方】青蒿 3 000g、仙鹤草 500g、何首乌 500g、白头翁 300g、肉桂 260g。

【性状】本品为浅棕黄色的粉末，气香。

【功能】抗球虫，止血。

【主治】鸡球虫病。

【用法与用量】每千克饲料 10～20g。

【不良反应】按规定剂量使用，暂未见不良反应。

·驱球散·

【处方】常山 2 500g、柴胡 900g、苦参 1 850g、青蒿 1 000g、地榆（炭）900g、白茅根 900g。

【性状】本品为灰黄色或灰绿色的粉末；气微香，味苦。

【功能】驱虫，止血，止痢。

【主治】球虫病。

【用法与用量】鸡 0.5g，连用 5～8d。

【不良反应】按规定剂量使用，暂未见不良反应。

·驱球止痢合剂·

【处方】常山 480g、白头翁 400g、仙鹤草 400g、马齿苋 400g、地锦草 320g。

【性状】本品为深棕色的黏稠液体；味甜、微苦。

【功能】清热凉血，杀虫止痢。

【主治】球虫病。

【用法与用量】混饮：每升水 4～5mL。

【不良反应】按规定剂量使用，暂未见不良反应。

·驱虫止痢散·

【处方】常山 960g、白头翁 800g、仙鹤草 800g、马齿苋 800g、地锦草 640g。

【性状】本品为灰棕色至深棕色的粉末；气微香。

【功能】清热凉血，杀虫止痢。

【主治】球虫病。

【用法与用量】混饲：每千克饲料 2～2.5g。

【不良反应】按规定剂量使用，暂未见不良反应。

·三味抗球颗粒·

【处方】苦参 450g、仙鹤草 300g、钩藤 300g。

【性状】本品为黄棕色至棕褐色的颗粒；味甜，微苦。

【功能】燥湿杀虫，止血止痢。

【主治】鸡球虫病。

【用法与用量】每升水 1.25g，连用 3d。

【不良反应】按规定剂量使用，暂未见不良反应。

·五味常青颗粒·

【处方】青蒿 100g、柴胡 90g、苦参 185g、常山 250g、白茅根 90g。

【性状】本品为棕褐色的颗粒；味甜，微苦。

【功能】抗球虫。

【主治】鸡球虫病。

【用法与用量】混饮：每升水 1g。

【不良反应】按规定剂量使用，暂未见不良反应。

·苦参地榆散·

【处方】苦参 40g、地榆 30g、仙鹤草 30g。

【性状】本品为黄褐色的粉末；气微香，味苦。

【功能】清热燥湿，止血止痢。

【主治】鸡球虫病，鸡白痢。

【用法与用量】预防，每千克饲料 10g；治疗量加倍。

【不良反应】按规定剂量使用，暂未见不良反应。

·铁凤抗球散·

【处方】铁苋菜 100g、凤尾草 100g。

【性状】本品为黄绿色至棕绿色的粉末；气微，味淡，微苦。

【功能】清热凉血，止血止痢。

【主治】用于鸡球虫病的预防。

【用法与用量】混饲：每千克饲料 10g，连续添加 10d。

【不良反应】按规定剂量使用，暂未见不良反应。

·常　青　散·

【处方】常山 300g、青蒿 300g、苦参 100g、黄芪 100g、仙鹤草 100g。

【性状】本品为棕黄色的粉末；气香，味微苦。

【功能】杀虫止痢，清热燥湿，凉血止血。

【主治】用于预防鸡球虫病。

【用法与用量】每千克饲料 10g，连用 5d。

【不良反应】按规定剂量使用，暂未见不良反应。

·常青克虫散·

【处方】地锦草 160g、墨旱莲 80g、常山 100g、青蒿 80g、槟榔 60g、仙鹤草 60g、鸦胆子 20g、柴胡 80g、黄柏 90g、黄芩 60g、白芍 60g、木香 30g、山楂 60g、甘草 60g。

【性状】本品为淡灰黄色的粉末；气清香，味苦。

【功能】清热，燥湿，杀虫，止血。

【主治】鸡球虫病。

【用法与用量】每只鸡 1～2g。

【不良反应】按规定剂量使用，暂未见不良反应。

·常青球虫散·

【处方】常山 700g、白头翁 700g、仙鹤草 400g、苦参 700g、马齿苋 400g、地锦草 100g、青蒿 350g、墨旱莲 350g。

【性状】本品为灰棕色至深棕色的粉末；气微香。

【功能】清热燥湿，凉血止痢。

【主治】球虫病。

【用法与用量】每千克饲料 1～2g，连用 7d。

【不良反应】按规定剂量使用，暂未见不良反应。

三、镇咳平喘类中兽药制剂

·甘胆口服液·

【处方】板蓝根 100g、人工牛黄 34g、甘草 40g、冰片 20g、猪胆粉 20g、玄明粉 30g。

【性状】本品为棕褐色的液体，有少量轻摇易散的沉淀。

【功能】清热解毒，凉血宣肺，止咳平喘。

【主治】鸡传染性支气管炎与鸡毒支原体引起的肺热咳喘。

【用法与用量】混饮：每 1.5L 饮水 1mL，连用 3～5d。

【不良反应】按规定剂量使用，暂未见不良反应。

·白 矾 散·

【处方】白矾 60g、浙贝母 30g、黄连 20g、白芷 20g、郁金 25g、黄芩 45g、大黄 25g、葶苈子 30g、甘草 20g。

【性状】本品为黄棕色的粉末；气香，味甘、涩、微苦。

【功能】清热化痰，下气平喘。

【主治】肺热咳喘。证见精神沉郁、咳嗽，有时张口伸颈而喘、口渴喜饮。

【用法与用量】每只鸡 1～3g。

【不良反应】按规定剂量使用，暂未见不良反应。

·二 紫 散·

【处方】紫菀 25g、紫花地丁 15g、麻黄 20g、连翘 20g、金银花 15g、蒲公英 5g。

【性状】本品为黄棕色的粉末；气微香，味微苦。

【功能】清热解毒，宣肺止咳。

【主治】肺热引起的鼻塞、流涕、呼吸困难。

【用法与用量】每只鸡 0.5g，连用 3～5d。

【不良反应】按规定剂量使用，暂未见不良反应。

·复方麻黄散·

【处方】麻黄 300g、桔梗 300g、薄荷 120g、黄芪 30g、氯化铵 300g。

【性状】本品为棕色的粉末；气微，味咸。

【功能】化痰，止咳。

【主治】肺热咳喘。

【用法与用量】混饲：每千克饲料 8g。

【不良反应】按规定剂量使用，暂未见不良反应。

·藿香正气口服液·

【处方】苍术 80g、陈皮 80g、厚朴（姜制）80g、白芷 120g、茯苓 120g、大腹皮 120g、生半夏 80g、甘草浸膏 10g、广藿香油 0.8mL、紫苏叶油 0.4mL。

【性状】本品为棕色的澄清液体；味辛、微甜。

【功能】解表祛暑，化湿和中。

【主治】外感风寒，内伤湿滞，夏伤暑湿，胃肠型感冒。

【用法与用量】每升饮水 2mL，连用 3～5d。

【不良反应】按规定剂量使用，暂未见不良反应。

·板 青 颗 粒·

【处方】板蓝根 600g、大青叶 900g。

【性状】本品为浅黄色或黄褐色颗粒；味甜、微苦。

【功能】清热解毒，凉血。

【主治】风热感冒，咽喉肿痛，热病发斑。

风热感冒：证见发热，咽喉肿痛，口干喜饮。

咽喉肿痛：证见伸头直项，吞咽不利，口中流涎。

热病发斑：证见发热，神昏，皮肤黏膜发斑，或有便血。

【用法与用量】每只鸡 0.5g。

【不良反应】按规定剂量使用，暂未见不良反应。

·板青连黄散·

【处方】板蓝根 50g、大青叶 40g、连翘 20g、麻黄 20g、甘草 20g。

【性状】本品为绿棕色的粉末；气微，味微甘。

【功能】清热解毒，宣肺平喘。

【主治】肺热咳喘。

【不良反应】按规定剂量使用，暂未见不良反应。

·茵陈金花散·

【处方】茵陈 70g、金银花 50g、黄芩 60g、黄柏 40g、柴胡 40g、龙胆 60g、防风 60g、荆芥 60g、甘草 40g、板蓝根 120g。

【性状】本品为淡黄色的粉末；气香，味微淡。

【功能】清热解毒，疏风散热。

【主治】外感风热，咽喉肿痛。

【用法与用量】一次量，每千克体重 0.5g，每日 2 次，连用 3d。

【不良反应】按规定剂量使用，暂未见不良反应。

·板术射干散·

【处方】板蓝根 80g、苍术 60g、射干 60g、冰片 13g、蟾酥 6g、桔梗 50g、硼砂 12g、青黛 15g、雄黄 14g。

【性状】本品为棕褐色的粉末；有冰片特有的香气，味甘、略带麻舌感。

【功能】清咽利喉，止咳化痰，平喘。

【主治】肺热咳喘。

【用法与用量】每千克饲料 5g，连用 3d。

【注意】限用于 2 周龄内雏鸡。

【不良反应】按规定剂量使用，暂未见不良反应。

·板金止咳散·

【处方】板蓝根 250g、金银花 75g、连翘 120g、苦杏仁 75g、桔梗 100g、甘草 100g。

【性状】本品为浅褐色至黄褐色的粉末；气微香。

【功能】清热解毒，止咳平喘。

【主治】肺热咳喘。

【用法与用量】鸡 2～4g。

【不良反应】按规定剂量使用，暂未见不良反应。

·定 喘 散·

【处方】桑白皮 25g、炒苦杏仁 20g、莱菔子 30g、葶苈子 30g、紫苏子 20g、党参 30g、白术（炒）20g、关木通 20g、大黄 30g、郁金 25g、黄芩 25g、栀子 25g。

【性状】本品为黄褐色的粉末；气微香，味甘、苦。

【功能】清热，止咳，定喘。

【主治】肺热咳嗽，气喘。

肺热咳嗽：证见耳鼻体表温热，鼻涕黏稠，呼出气热，咳声洪大。

气喘：证见咳嗽喘急，发热有汗或无汗，口干渴。

【用法与用量】每只鸡 1～3g。

【不良反应】按规定剂量使用，暂未见不良反应。

·荆防败毒散·

【处方】荆芥 45g、防风 30g、茯苓 45g、独活 25g、柴胡 30g、前胡 25g、川芎 25g、枳壳 30g、羌活 25g、桔梗 30g、薄荷 15g、甘草 15g。

【性状】本品为淡灰黄色至淡灰棕色的粉末；气微香，味甘苦、微辛。

【功能】辛温解表，疏风祛湿。

【主治】风寒感冒，流感。

证见恶寒颤抖明显，发热较轻，耳耷头低，腰弓毛乍，鼻流清涕，咳嗽，口津润滑。

【用法与用量】每只鸡 1～3g。

【不良反应】按规定剂量使用，暂未见不良反应。

·麻杏二膏丸·

【处方】麻黄 350g、苦杏仁 350g、鱼腥草 600g、葶苈子 300g、甘草 300g、石膏 600g、桑白皮 300g、黄芪 600g、胆膏 100g。

【性状】本品为浓缩水丸，除去包衣后显黄褐色至棕褐色；味苦、辛。

【功能】清热宣肺，止咳平喘。

【主治】肺热咳喘。

【用法与用量】一次量，每千克体重 2～3 丸，每日 2 次，连用 5d。

【不良反应】按规定剂量使用，暂未见不良反应。

·麻杏二膏片·

【处方】同麻杏二膏丸。

【性状】本品为棕褐色的片；味苦、辛。

【功能】【主治】同麻杏二膏丸。

【用法与用量】一次量，每千克体重 2～3 片，每日 2 次，连用 5d。

【不良反应】同麻杏二膏丸。

·麻杏二膏散·

【处方】同麻杏二膏丸。

【性状】本品为棕褐色的粉末；味苦、辛。

【功能】【主治】同麻杏二膏丸。

【用法与用量】一次量，每千克体重0.6～0.8g，每日2次，连用5d。

【不良反应】同麻杏二膏丸。

·麻杏石甘片·

【处方】麻黄30g、苦杏仁30g、石膏150g、甘草30g。

【性状】本品为淡灰黄色片；气微香，味辛、苦、涩。

【功能】清热，宣肺，平喘。

【主治】肺热咳喘。证见发热，烦躁不安，咳嗽气粗，口渴尿少。

【用法与用量】每只鸡3～5片。

【规格】1片相当于原生药的0.3g。

【不良反应】按规定剂量使用，暂未见不良反应。

·麻杏石甘散·

【处方】同麻杏石甘片。

【性状】本品为淡黄色的粉末；气微香，味辛、苦、涩。

【功能】【主治】同麻杏石甘片。

【用法与用量】每只鸡1～3g。

【不良反应】同麻杏石甘片。

·麻杏石甘注射液·

【处方】麻黄500g、苦杏仁500g、石膏500g、甘草500g。

【性状】本品为棕色的澄明液体。

【功能】【主治】同麻杏石甘片。

【用法与用量】肌内注射，每千克体重0.15mL。

【不良反应】同麻杏石甘片。

·麻杏石甘口服液·

【处方】麻黄 300g、苦杏仁 300g、石膏 1 500g、甘草 300g。

【性状】本品为深棕褐色的液体。

【功能】【主治】同麻杏石甘片。

【用法与用量】混饮：每升水 1～1.5mL。

【不良反应】同麻杏石甘片。

·麻杏石甘颗粒·

【处方】同麻杏石甘口服液。

【性状】本品为棕黄色至棕褐色的颗粒。

【功能】清热化痰，止咳平喘。

【主治】肺热咳喘。

【用法与用量】混饮：每升水 1g，连用 3～5d。

【不良反应】按规定剂量使用，暂未见不良反应。

·加味麻杏石甘散·

【处方】麻黄 30g、苦杏仁 30g、石膏 30g、浙贝母 30g、金银花 60g、桔梗 30g、大青叶 90g、连翘 30g、黄芩 50g、白花蛇舌草 30g、枇杷叶 30g、山豆根 30g、甘草 30g。

【性状】本品为黄色至黄棕色的粉末；气微香，味苦、微涩。

【功能】清热解毒，止咳化痰。

【主治】肺热咳喘。

【用法与用量】每只鸡 0.5～1.0g，连用 3～5d。

【不良反应】按规定剂量使用，暂未见不良反应。

·麻黄葶苈散·

【处方】板蓝根 80g、麻黄 100g、桔梗 80g、苦杏仁 10g、穿心莲 80g、鱼腥草 120g、黄芪 100g、葶苈子 100g、茯苓 60g、石膏 200g。

【性状】本品为黄棕色的粉末；气香，味微苦。

【功能】清热泄肺，化痰平喘。

【主治】肺热咳喘。

【用法与用量】混饲：每千克饲料 20g，连用 5d。

【不良反应】按规定剂量使用，暂未见不良反应。

·麻黄鱼腥草散·

【处方】麻黄 50g、黄芩 50g、鱼腥草 100g、穿心莲 50g、板蓝根 50g。

【性状】本品为黄绿色至灰绿色的粉末；气微，味微涩。

【功能】宣肺泄热，平喘止咳。

【主治】肺热咳喘，鸡支原体病。

【用法与用量】混饲：每千克饲料 15～20g。

【不良反应】按规定剂量使用，暂未见不良反应。

·清肺止咳散·

【处方】桑白皮 30g、知母 25g、苦杏仁 25g、前胡 30g、金银花 60g、连翘 30g、桔梗 25g、甘草 20g、橘红 30g、黄芩 45g。

【性状】本品为黄褐色粉末；气微香，味苦、甘。

【功能】清泻肺热，化痰止痛。

【主治】肺热咳嗽，咽喉肿痛。

证见咳声洪亮，气促喘粗，鼻涕黄而黏稠，咽喉肿痛，粪便干燥，口渴贪饮。

【用法与用量】每只鸡1～3g。

【不良反应】按规定剂量使用，暂未见不良反应。

·加减清肺散·

【处方】板蓝根150g、金银花50g、连翘70g、黄芪100g、山豆根100g、知母90g、百部50g、桔梗80g、葶苈子100g、玄参50g、紫菀70g、浙贝母50g、黄柏100g、陈皮50g、苍术70g、泽泻100g。

【性状】本品为浅黄色至浅黄棕色的粉末；气微，味苦。

【功能】清热解毒，利咽止咳。

【主治】鸡传染性支气管炎、传染性喉气管炎所致的肺热咳喘。

【用法与用量】混饲：每千克饲料20g。

【不良反应】按规定剂量使用，暂未见不良反应。

·百部射干散·

【处方】虎杖91g、紫菀114g、百部114g、白前114g、射干68g、半夏34g、黄芪114g、党参91g、甘草68g、桔梗91g、荆芥91g、干姜10g。

【性状】本品为黄棕色的粉末；气香，味微苦、涩。

【功能】清肺，止咳，化痰。

【主治】肺热咳喘，痰多。

【用法与用量】混饲：每千克饲料10g，连用5d。

【不良反应】按规定剂量使用，暂未见不良反应。

·芩黄口服液·

【处方】黄芩600g、板蓝根600g、甘草400g、山豆根400g、麻黄66g、桔梗66g。

【性状】本品为棕褐色的液体。

【功能】 清热解毒，止咳平喘。

【主治】 用于鸡传染性支气管炎的预防与辅助性治疗。

【用法与用量】 混饮：每升水 1.25mL，连用 2～3d。

【不良反应】 按规定剂量使用，暂未见不良反应。

·芩 黄 颗 粒·

【处方】 同芩黄口服液。

【性状】 本品为棕褐色的颗粒。

【功能】 清热解毒，止咳平喘。

【主治】 用于鸡传染性支气管炎的预防与辅助性治疗。

【用法与用量】 混饮：每升水 1g，连用 2～3d。

【不良反应】 按规定剂量使用，暂未见不良反应。

·黄芪红花散·

【处方】 黄芪 200g、红花 50g、丹参 200g、板蓝根 200g、地榆 200g、北豆根 100g、野菊花 100g、桔梗 100g、何首乌 50g、车前子 50g、甘草 50g。

【性状】 本品为黄褐色的粉末；气香，味甘、微苦。

【功能】 清肺化痰，活血祛瘀。

【主治】 肺热咳喘。

【用法与用量】 每只鸡 1～3g。

【不良反应】 按规定剂量使用，暂未见不良反应。

·冰 雄 散·

【处方】 冰片 15g、雄黄 15g、桔梗 30g、黄芩 20g、苦杏仁 20g、鱼腥草 30g、石膏 15g、连翘 35g、板蓝根 35g、甘草 15g、青黛 15g、白矾 5g。

【性状】本品为黄褐色的粉末；气清香，味苦。

【功能】清热解毒，止咳化痰。

【主治】肺热咳喘。

【用法与用量】每千克饲料 1g，连用 3～4d。

【不良反应】按规定剂量使用，暂未见不良反应。

·三黄双丁片·

【处方】黄芩 100g、黄连 100g、黄柏 100g、野菊花 100g、紫花地丁 100g、蒲公英 100g、甘草 50g、石膏 150g、雄黄 10g、冰片 35g、肉桂油 5g。

【性状】本品为棕黄色片；气芳香，味苦、微辛。

【功能】清热燥湿，泻火解毒。

【主治】肺热咳喘。

【用法与用量】一次量，每千克体重 5 片，每日 2 次，连用 3～5d。

【不良反应】按规定剂量使用，暂未见不良反应。

·三黄双丁散·

【处方】同三黄双丁片。

【性状】本品为棕黄色的粉末；气芳香，味苦、微辛。

【功能】【主治】同三黄双丁片。

【用法与用量】一次量，每千克体重 1g，每日 2 次，连用 3～5d。

【不良反应】按规定剂量使用，暂未见不良反应。

·青黛紫菀散·

【处方】板蓝根 55g、青黛 40g、冰片 15g、硼砂 30g、玄明粉 40g、黄连 50g、紫菀 40g、胆矾 45g、朱砂 10g。

【性状】本品为棕黄色的粉末；气香，味苦、咸。

【功能】清热化痰，止咳平喘。

【主治】咳嗽、气喘等症。

【用法与用量】混饲：每千克饲料10g，连用3d。

【不良反应】按规定剂量使用，暂未见不良反应。

·鱼 枇 止 咳 散·

【处方】鱼腥草240g、枇杷叶240g、麻黄100g、蒲公英240g、甘草80g。

【性状】本品为棕色的粉末；气微，味淡。

【功能】清热解毒，止咳平喘。

【主治】肺热咳喘。

【用法与用量】混饲：每千克饲料5g，连用5～7d。

【不良反应】按规定剂量使用，暂未见不良反应。

·穿鱼金荞麦散·

【处方】蒲公英80g、桔梗80g、甘草50g、桂枝50g、板蓝根50g、野菊花50g、苦杏仁35g、冰片5g、穿心莲100g、鱼腥草120g、辛夷50g、金荞麦100g、黄芩80g。

【性状】本品为黄绿色至黄褐色的粉末；气微香，味苦。

【功能】清热解毒，止咳平喘，利窍通鼻。

【主治】肺热咳喘。

【用法与用量】每千克饲料10g，连用5～7d。

·桔 百 颗 粒·

【处方】桔梗375g、陈皮250g、百部250g、黄芩250g、连翘250g、远志250g、桑白皮250g、甘草150g。

【性状】本品为棕黄色至棕褐色的颗粒。

【功能】清热化痰，止咳平喘。

【主治】肺热咳喘。

【用法与用量】混饮：每升水 1g，连用 5d。

【不良反应】按规定剂量使用，暂未见不良反应。

·桔梗栀黄散·

【处方】桔梗 60g、山豆根 30g、栀子 40g、苦参 30g、黄芩 40g。

【性状】本品为灰棕色至黄棕色的粉末；气微，味苦。

【功能】清肺止咳，消肿利咽。

【主治】肺热咳喘，咽喉肿痛。

【用法与用量】每只鸡 2～3g。

【不良反应】按规定剂量使用，暂未见不良反应。

·桑仁清肺口服液·

【处方】桑白皮 100g、知母 80g、苦杏仁 80g、前胡 100g、石膏 120g、连翘 120g、枇杷叶 60g、海浮石 40g、甘草 60g、橘红 100g、黄芩 140g。

【性状】本品为棕黄色至棕褐色的液体。

【功能】清肺，止咳，平喘。

【主治】肺热咳喘。

【用法与用量】混饮：每升水 1.25mL，连用 3～5d。

【不良反应】按规定剂量使用，暂未见不良反应。

·黄芩可溶性粉·

本品为黄芩经提取加工制成的粉末。

【性状】本品为黄色的粉末；气微，味苦。

【功能】清热燥湿，泻火解毒。

【主治】主治肺热咳喘。

【用法与用量】混饮：每升水 35mg，连用 5d。

【不良反应】按规定剂量使用，暂未见不良反应。

·银翘清肺散·

【处方】金银花 50g、连翘 100g、板蓝根 150g、陈皮 100g、紫菀 75g、黄芪 75g、葶苈子 100g、玄参 150g、黄柏 75g、麻黄 100g、甘草 50g。

【性状】本品为灰黄绿色的粉末；气微香，味苦。

【功能】清热解毒，止咳化痰。

【主治】鸡传染性喉气管炎、传染性支气管炎所致的肺热咳喘。

【用法与用量】鸡 2g，连用 3～6d。

【不良反应】按规定剂量使用，暂未见不良反应。

·镇咳涤毒散·

【处方】麻黄 150g、甘草 100g、穿心莲 100g、山豆根 100g、蒲公英 100g、板蓝根 100g、石膏 100g、连翘 70g、黄芩 50g、黄连 30g。

【性状】本品为淡棕黄色至棕黄色的粉末；气微香，味苦。

【功能】清热解毒，止咳平喘。

【主治】用于鸡传染性支气管炎、鸡传染性喉气管炎的辅助治疗。

【用法与用量】混饲：每千克饲料 8g。

【不良反应】按规定剂量使用，暂未见不良反应。

·镇喘片·

【处方】香附 300g、黄连 200g、干姜 300g、桔梗 150g、山豆根

100g、皂角 40g、甘草 100g、人工牛黄 40g、蟾酥 30g、雄黄 30g、明矾 50g。

【性状】本品为红棕色的片；气特异，味微甘、苦，略带麻舌感。

【功能】清热解毒，止咳化痰，平喘。

【主治】肺热咳嗽，气喘。

【用法与用量】每只鸡 2～5 片。

【不良反应】按规定剂量使用，暂未见不良反应。

四、解热消暑类中兽药制剂

·香　薷　散·

【处方】香薷 30g、黄芩 45g、黄连 30g、甘草 15g、柴胡 25g、当归 30g、连翘 30g、栀子 30g、天花粉 30g。

【性状】本品为黄色的粉末；气香，味苦。

【功能】清热解暑。

【主治】伤暑，中暑。

【用法与用量】禽 1～3g。

【不良反应】按规定剂量使用，暂未见不良反应。

·解暑抗热散·

【处方】滑石粉 51g、甘草 8.6g、碳酸氢钠 40g、冰片 0.4g。

【性状】本品为类白色至浅黄色粉末；气清香。

【功能】清热解暑。

【主治】热应激，中暑。

【用法与用量】混饲：每千克饲料 10g。

【不良反应】按规定剂量使用，暂未见不良反应。

·消暑安神散·

【处方】 刺五加 80g、酸枣仁 80g、远志 60g、茯苓 30g、麦芽 30g、陈皮 30g、甘草 30g、金银花 30g、延胡索 15g、厚朴 30g、木香 20g、秦皮 30g、黄连 15g、黄芪 80g、白头翁 80g、六神曲（炒）30g、龙胆 50g、炒山楂 30g、黄芩 30g、党参 50g、黄柏 30g、苦参 30g、艾叶 30g、白术 80g。

【性状】 本品为灰黄色的粉末；气香，味苦。

【功能】 养心安神，清热解毒，益气健脾。

【主治】 热应激。

【用法与用量】 一次量，每千克体重 1～2g，每日 2 次。

【不良反应】 按规定剂量使用，暂未见不良反应。

五、治疗痢疾、腹泻类中兽药制剂

·清瘟止痢散·

【处方】 大青叶 150g、板蓝根 150g、紫草 100g、拳参 150g、绵马贯众 150g、地黄 100g、玄参 100g、黄连 100g、白头翁 100g、木香 100g、柴胡 100g、甘草 100g。

【性状】 本品为棕褐色的粉末；气微香，味微苦、辛。

【功能】 清热解毒，凉血止痢。

【主治】 热毒血痢。

【用法与用量】 混饲：每千克饲料 5g。

【不良反应】 按规定剂量使用，暂未见不良反应。

·黄栀口服液·

【处方】 黄连 300g、黄芩 600g、栀子 450g、穿心莲 250g、白头

翁 250g、甘草 100g。

【性状】本品为深棕色的液体；味甘、苦。

【功能】清热解毒，凉血止痢。

【主治】湿热下痢。

【用法与用量】混饮：每升水 1.5～2.5mL。

【不良反应】按规定剂量使用，暂未见不良反应。

·救　黄　丸·

【处方】黄连 200g、穿心莲 200g、救必应 200g、黄柏 150g、广藿香 100g、苍术 150g、雄黄 60g、乌梅 200g、白矾 60g、甘草 100g。

【性状】本品为水丸，去衣后呈淡棕褐色至黄褐色；气微，味苦。

【功能】清热燥湿，止痢。

【主治】湿热泄泻，下痢。

【用法与用量】雏鸡每只 2～4 丸。

【不良反应】按规定剂量使用，暂未见不良反应。

·救　黄　片·

【处方】同救黄丸。

【性状】本品为淡棕褐色至黄褐色的片；气微，味苦。

【功能】【主治】【不良反应】同救黄丸。

【用法与用量】雏鸡 2～4 片。

·救　黄　散·

【处方】同救黄丸。

【性状】本品为淡棕褐色至黄褐色的粉末；气微，味苦。

【功能】【主治】【不良反应】同救黄丸。

【用法与用量】雏鸡 0.5～1g。

·黄马白凤丸·

【处方】 黄连 75g、白头翁 75g、木香 45g、山楂 60g、穿心莲 60g、马齿苋 60g、凤尾草 60g、黄芩 90g、六神曲 60g。

【性状】 本品为水丸，去衣后为棕褐色；气微香，味苦、微酸。

【功能】 清热解毒，燥湿止痢。

【主治】 湿热泻痢。

【用法与用量】 一次量，每千克体重 8～16 丸，每日 2～3 次。

【不良反应】 按规定剂量使用，暂未见不良反应。

·黄马白凤片·

【处方】 同黄马白凤丸。

【性状】 本品为棕褐色的片；气微香，味苦、微酸。

【功能】【主治】 同黄马白凤丸。

【用法与用量】 一次量，每千克体重 2 片，每日 2～3 次。

【不良反应】 按规定剂量使用，暂未见不良反应。

·黄马白凤散·

【处方】 同黄马白凤丸。

【性状】 本品为棕褐色的粉末；气微香，味苦、微酸。

【功能】【主治】 同黄马白凤丸。

【用法与用量】 一次量，每千克体重 0.4～0.8g，每日 2～3 次。

【不良反应】 按规定剂量使用，暂未见不良反应。

·黄马莲散·

【处方】 黄芩 100g、马齿苋 100g、穿心莲 200g、山楂 50g、地榆 100g、蒲公英 100g、甘草 50g、鱼腥草 200g。

【性状】本品为灰褐色的粉末；气微香，味微苦。

【功能】清热解毒，燥湿止痢。

【主治】湿热下痢。

【用法与用量】鸡 1g。

【不良反应】按规定剂量使用，暂未见不良反应。

·黄花白莲颗粒·

【处方】黄连 200g、黄柏 200g、金银花 300g、菊花 200g、白头翁 200g、苍术 200g、石榴皮 200g、蒲公英 200g、地榆 200g、板蓝根 200g、穿心莲 300g、茯苓 100g、五倍子 200g。

【性状】本品为棕黄色至棕褐色的颗粒，微苦。

【功能】清热解毒，利湿止痢。

【主治】湿热下痢。

【用法与用量】混饮：每升水 1g，连用 3～5d。

【不良反应】按规定剂量使用，暂未见不良反应。

·莲 矾 散·

【处方】穿心莲 360g、白矾 300g、青蒿 150g、甘草 90g。

【性状】本品为灰绿色的粉末；气香，味苦、咸而涩。

【功能】清热，止泻。

【主治】热痢。

【用法与用量】每只鸡 1g。

【不良反应】按规定剂量使用，暂未见不良反应。

·莲 黄 颗 粒·

【处方】穿心莲 180g、黄芩 180g、白头翁 180g、诃子 120g、马齿苋 240g、秦皮 120g、地榆 120g、甘草 120g。

【性状】本品为棕黄色至棕褐色的颗粒。

【功能】清热燥湿，凉血止痢。

【主治】热毒下痢。

【用法与用量】一次量0.25～0.5g，每日2次，连用3～5d。

【不良反应】按规定剂量使用，暂未见不良反应。

·穿心莲末·

本品为穿心莲经加工制成的散剂。

【性状】本品为浅绿色至绿色的粉末；气微，味极苦。

【功能】清热解毒。

【主治】湿热下痢。

【用法与用量】每只鸡1～3g。

【不良反应】按规定剂量使用，暂未见不良反应。

·穿甘苦参散·

【处方】穿心莲150g、甘草125g、吴茱萸10g、苦参75g、白芷50g、板蓝根50g、大黄30g。

【性状】本品为浅黄棕色至黄棕色的粉末。

【功能】清热解毒，燥湿止泻。

【主治】湿热泻痢。

【用法与用量】每千克饲料3～6g，连用5d。

【不良反应】按规定剂量使用，暂未见不良反应。

·穿白地锦草散·

【处方】白头翁180g、地锦草180g、黄连100g、穿心莲180g、大青叶60g、地榆60g、炒山楂60g、炒麦芽60g、六神曲60g、甘草60g。

【性状】本品为淡棕灰色的粉末；气清香，味苦。

【功能】清热解毒，燥湿止痢。

【主治】湿热下痢。

【用法与用量】每只鸡 1～2g。

【不良反应】按规定剂量使用，暂未见不良反应。

·穿白痢康片·

【处方】穿心莲 200g、白头翁 100g、黄芩 50g、功劳木 50g、秦皮 50g、广藿香 50g、陈皮 50g。

【性状】本品为黄棕色至棕褐色的片；味苦。

【功能】清热解毒，燥湿止痢。

【主治】雏鸡白痢。

【用法与用量】雏鸡每只 1 片。

【不良反应】按规定剂量使用，暂未见不良反应。

·穿白痢康散·

【处方】同穿白痢康片。

【性状】本品为黄棕色至棕褐色的粉末；味苦。

【功能】【主治】【不良反应】同穿白痢康片。

【用法与用量】雏鸡每只 0.24g。

·穿苦功劳片·

【处方】穿心莲 500g、苦参 125g、功劳木 125g、木香 125g。

【性状】本品为黄棕褐色的片；气微香，味苦。

【功能】清热燥湿，理气止痢。

【主治】雏鸡白痢。

【用法与用量】雏鸡每只 0.5～1 片。

【规格】1 片相当于原生药 0.8g。

【不良反应】按规定剂量使用，暂未见不良反应。

·穿苦功劳散·

【处方】同穿苦功劳片。

【性状】本品为黄棕褐色的粉末；气微香，味苦。

【功能】【主治】【不良反应】同穿苦功劳片。

【用法与用量】雏鸡每只 0.15～0.3g。

·穿苦黄散·

【处方】穿心莲 60g、苦参 100g、黄芩 80g。

【性状】本品为浅黄绿色的粉末；气微，味微苦。

【功能】清热解毒，燥湿止痢。

【主治】湿热泻痢。

【用法与用量】每千克饲料 5g，连用 3～5d。

【不良反应】按规定剂量使用，暂未见不良反应。

·穿苦颗粒·

【处方】黄芪 200g、穿心莲 800g、吴茱萸 80g、大黄 320g、苦参 600g、白芷 200g、蒲公英 200g、白头翁 200g、甘草 200g。

【性状】本品为棕黄色至棕褐色的颗粒。

【功能】清热解毒，燥湿止泻。

【主治】湿热泻痢。

【用法与用量】每升水 0.5g，连用 3～5d。

【不良反应】按规定剂量使用，暂未见不良反应。

·板金痢康散·

【处方】板蓝根 150g、金银花 60g、黄芩 100g、黄柏 100g、白头翁 150g、穿心莲 100g、黄芪 100g、白术 60g、苍术 100g、木香 30g、甘草 50g。

【性状】 本品为灰黄色的粉末；气清香，味苦。

【功能】 清热解毒，燥湿止痢。

【主治】 湿热下痢。

【用法与用量】 每只鸡 1～2g。

【不良反应】 按规定剂量使用，暂未见不良反应。

·板黄败毒片·

【处方】 板蓝根 120g、黄芪 40g、黄柏 40g、连翘 60g、泽泻 40g。

【性状】 本品为灰褐色的片。

【功能】 清热解毒，渗湿利水。

【主治】 湿热泻痢。

【用法与用量】 每只鸡 1～2 片，连用 3d。

【不良反应】 按规定剂量使用，暂未见不良反应。

·板翘芦根片·

【处方】 板蓝根 300g、连翘 200g、黄连 70g、黄芩 50g、甘草 80g、黄柏 70g、地黄 50g、芦根 100g、石膏 80g。

【性状】 本品为淡黄褐色至棕褐色的片；气微，味苦。

【功能】 清热解毒，凉血止痢。

【主治】 湿热泻痢。

【用法与用量】 一次量，雏鸡每只 1 片，每日 3 次。

【不良反应】 按规定剂量使用，暂未见不良反应。

·郁黄口服液·

【处方】 郁金 250g、诃子 220g、栀子 50g、黄芩 50g、大黄 50g、

白芍 30g、黄柏 50g、黄连 50g。

【性状】本品为棕黄色的液体。

【功能】清热燥湿，涩肠止泻。

【主治】湿热泻痢。

【用法与用量】每只鸡 1mL，雏鸡酌减。

【不良反应】按规定剂量使用，暂未见不良反应。

·板翘芦根散·

【处方】板蓝根 300g、连翘 200g、黄连 70g、黄芩 50g、甘草 80g、黄柏 70g、地黄 50g、芦根 100g、石膏 80g。

【性状】本品为棕褐色的粉末；味苦、辛。

【功能】清热止痢。

【主治】热毒下痢。

【用法与用量】一次量，雏鸡每只 0.15g，每日 3 次。

【不良反应】按规定剂量使用，暂未见不良反应。

·鱼腥草末·

【性状】本品为淡棕色的粉末；具有鱼腥气，味微涩。

【功能】清热止痢。

【主治】湿热泻痢。

【用法与用量】每只鸡 2～4g。

【不良反应】按规定剂量使用，暂未见不良反应。

·葛根连柏散·

【处方】葛根 60g、黄连 20g、黄柏 48g、赤芍 36g、金银花 36g。

【性状】本品为淡黄色的粉末；味苦。

【功能】清热解毒，燥湿止痢。

【主治】温病发热，湿热泻痢。

【用法与用量】混饲：每千克饲料 8g，连用 3～5d。

【不良反应】按规定剂量使用，暂未见不良反应。

·痢 喘 康 散·

【处方】白头翁 20g、黄柏 20g、黄芩 20g、陈皮 20g、板蓝根 10g、半夏 20g、大黄 20g、白芍 10g、石膏 30g、桔梗 20g、甘草 10g。

【性状】本品为黄棕色的粉末。

【功能】燥湿止痢，化痰止咳。

【主治】湿热下痢，肺热咳喘。

【用法与用量】每只鸡 2～4g。

【不良反应】按规定剂量使用，暂未见不良反应。

·蒲 清 止 痢 散·

【处方】蒲公英 40g、大青叶 40g、板蓝根 40g、金银花 20g、黄芩 20g、黄柏 20g、甘草 20g、藿香 10g、石膏 10g。

【性状】本品为灰黄色至棕黄色的粉末；气微香，味微苦。

【功能】清热解毒，燥湿止痢。

【主治】鸡大肠杆菌所致的湿热泻痢。

【用法与用量】每千克饲料 10～20g。

【不良反应】按规定剂量使用，暂未见不良反应。

·锦 板 翘 散·

【处方】地锦草 100g、板蓝根 60g、连翘 40g。

【性状】本品为黄褐色的粉末；气微。

【功能】清热解毒，凉血止痢。

【主治】血痢，肠黄。

【用法与用量】每只鸡 3～6g。

【不良反应】按规定剂量使用，暂未见不良反应。

·蓼 苋 散·

【处方】辣蓼 90g、马齿苋 60g、黄芩 18g、木香 15g、秦皮 30g、白芍 27g、干姜 9g、甘草 9g。

【性状】本品为灰褐色的粉末，气清香，味苦。

【功能】清热解毒，燥湿止痢。

【主治】湿热泻痢。

【用法与用量】每只鸡 0.9～1.2g，连用 3d。

【不良反应】按规定剂量使用，暂未见不良反应。

·连参止痢颗粒·

【处方】黄连 400g、苦参 90g、白头翁 300g、诃子 90g、甘草 120g。

【性状】本品为黄色至黄棕色的颗粒；味苦。

【功能】清热燥湿，凉血止痢。

【主治】用于沙门氏菌感染所致的泻痢。

【用法与用量】一次量，每千克体重 1g，每日 2 次。

【不良反应】按规定剂量使用，暂未见不良反应。

·三黄翁口服液·

【处方】黄柏 200g、黄芩 200g、大黄 200g、白头翁 200g、陈皮 200g、地榆 200g、白芍 200g、苦参 200g、青皮 200g、板蓝根 200g。

【性状】本品为棕黄色至棕褐色的液体。

【功能】清热解毒，燥湿止痢。

【主治】湿热泻痢。

【用法与用量】混饮：每升水 1.25mL，连用 3～5d。

【不良反应】按规定剂量使用，暂未见不良反应。

·三　黄　散·

【处方】大黄 30g、黄柏 30g、黄芩 30g。

【性状】本品为灰黄色的粉末；味苦。

【功能】清热泻火，燥湿止痢。

【主治】湿热下痢。

【用法与用量】每只鸡 2.5～5g。

【不良反应】按规定剂量使用，暂未见不良反应。

·三黄痢康散·

【处方】黄芩 154g、黄连 154g、黄柏 77g、栀子 154g、当归 77g、白术 39g、大黄 77g、诃子 77g、白芍 77g、肉桂 39g、茯苓 38g、川芎 38g。

【性状】本品为黄棕色的粉末。

【功能】清热燥湿，健脾止泻。

【主治】湿热泻痢。

【用法与用量】每只鸡 1g。

【不良反应】按规定剂量使用，暂未见不良反应。

·金黄连板颗粒·

【处方】金银花 375g、黄芩 375g、连翘 750g、黄连 125g、板蓝根 375g。

【性状】本品为黄褐色的颗粒；味苦。

【功能】清热，燥湿，解毒。

【主治】湿热泻痢。

【用法与用量】混饲：每升水 1g，连用 3～5d。

【不良反应】按规定剂量使用，暂未见不良反应。

·金葛止痢散·

【处方】葛根 30g、黄连 10g、黄芩 10g、甘草 10g、金银花 30g。

【性状】本品为浅棕黄色的粉末；气微香，味苦、微甘。

【功能】清热燥湿，止泻止痢。

【主治】湿热泄泻。

【用法与用量】每只鸡 1g。

【不良反应】按规定剂量使用，暂未见不良反应。

·化湿止泻散·

【处方】茯苓 150g、薏苡仁 150g、泽泻 60g、车前子 150g、藿香 100g、苍术（炒）150g、炒白扁豆 150g、葛根 100g、黄柏 100g、穿心莲 150g、石榴皮 50g、赤石脂 150g、山楂 90g、麦芽 100g、木香 100g。

【性状】本品为浅黄棕色至黄棕色的粉末；气微，味苦、微酸。

【功能】利湿健脾，涩肠止泻。

【主治】腹泻。

【用法与用量】每只鸡 1g。

【不良反应】按规定剂量使用，暂未见不良反应。

·四味穿心莲片·

【处方】穿心莲 90g、辣蓼 30g、大青叶 40g、葫芦茶 40g。

【性状】本品为灰绿色片；气微，味苦。

【功能】清热解毒，祛湿止泻。

【主治】湿热泻痢。

【用法与用量】每只鸡 3～6 片。

【不良反应】按规定剂量使用，暂未见不良反应。

·四味穿心莲散·

【处方】穿心莲 450g、辣蓼 150g、大青叶 200g、葫芦茶 200g。

【性状】本品为灰绿色的粉末；气微，味苦。

【功能】清热解毒，除湿化滞。

【主治】泻痢，积滞。

泻痢：证见精神沉郁，食欲降低，排灰白色或绿白色稀便，或白色水样便，肛门周围羽毛附着粪污，嗉囊内食物停滞，腹部膨大。

积滞：证见精神沉郁，缩头闭眼，或聚堆而卧，羽毛蓬乱，食欲减少或不食，嗉囊内食物停滞，腹部膨大，粪便中可见未消化的食物。

【用法与用量】每只鸡 0.5～1.5g。

【不良反应】按规定剂量使用，暂未见不良反应。

·四黄止痢颗粒·

【处方】黄连 200g、黄柏 200g、大黄 100g、黄芩 200g、板蓝根 200g、甘草 100g。

【性状】本品为黄色至棕黄色的颗粒。

【功能】清热泻火，止痢。

【主治】清热泻痢，鸡大肠杆菌病。

证见精神沉郁，食欲不振或废绝，羽毛蓬乱无光泽，头颈部特别是肉垂及眼睛周围水肿，肿胀部位皮下有淡黄色或黄色水样液体，嗉囊充满食物，排淡黄色、灰白色或绿色混有血液的腥臭稀便。

【用法与用量】每升水 0.5～1g。

【不良反应】按规定剂量使用，暂未见不良反应。

·四黄二术散·

【处方】蒲公英 20g、金银花 10g、黄连 10g、黄柏 20g、黄芩 20g、大青叶 20g、苍术 10g、石膏 20g、车前草 10g、黄芪 20g、白术 20g、木香 10g、甘草 10g。

【性状】本品为浅黄色至黄棕色粉末；气香，味苦。

【功能】清热解毒，燥湿止痢。

【主治】三焦实热，肠黄泻痢。

【用法与用量】鸡 1～2g，连用 2～4d。

【不良反应】按规定剂量使用，暂未见不良反应。

·四黄白莲散·

【处方】大黄 230g、白头翁 91g、穿心莲 91g、大青叶 91g、金银花 91g、三叉苦 91g、辣蓼 91g、黄芩 91g、黄连 18g、黄柏 28g、龙胆 28g、肉桂 28g、小茴香 28g、冰片 3g。

【性状】本品为棕色的粉末；气芳香，味苦、辛。

【功能】清热解毒，燥湿止痢。

【主治】湿热泻痢；鸡大肠杆菌病见上述症候者。

【用法与用量】一次量，每千克体重 0.5g，每日 2 次。

【不良反应】按规定剂量使用，暂未见不良反应。

·穿虎石榴皮散·

【处方】虎杖 98g、穿心莲 294g、地榆 98g、石榴皮 147g、石膏 196g、黄柏 98g、甘草 49g、肉桂 20g。

【性状】本品为绿黄棕色的粉末；气香，味微苦、涩。

【功能】清热解毒，涩肠止泻。

【主治】泻痢。

【用法与用量】每千克饲料 10g，连用 5d。

【不良反应】按规定剂量使用，暂未见不良反应。

·白马黄柏散·

【处方】白头翁 300g、马齿苋 400g、黄柏 300g。

【性状】本品为棕黄色的粉末；气微，味苦。

【功能】清热解毒，凉血止痢。

【主治】热毒血痢，燥湿肠黄。

【用法与用量】每只鸡 1.5～6g。

【不良反应】按规定剂量使用，暂未见不良反应。

·双黄穿苦丸·

【处方】黄连 30g、黄芩 30g、穿心莲 25g、苦参 20g、马齿苋 15g、苍术 15g、广藿香 15g、雄黄 10g、金荞麦 30g、六神曲 30g。

【性状】本品为黑色的水丸，除去包衣后显棕褐色；味苦。

【功能】清热解毒、燥湿止痢。

【主治】鸡白痢。

【用法与用量】一次量，每千克体重 3～4 丸，每日 2～3 次。

【不良反应】按规定剂量使用，暂未见不良反应。

·双黄穿苦片·

【处方】同双黄穿苦丸。

【性状】本品为棕褐色的片；味苦。

【功能】清热解毒、燥湿止痢。

【主治】鸡白痢。

【用法与用量】一次量，每千克体重 3～4 片，每日 2～3 次。

【不良反应】按规定剂量使用，暂未见不良反应。

·双黄穿苦散·

【处方】 同双黄穿苦丸。

【性状】 本品为棕褐色的粉末；味苦。

【功能】 清热解毒、燥湿止痢。

【主治】 鸡白痢。

【用法与用量】 拌料，一次量，每千克体重 0.5～0.7g，每日 2～3 次。

【不良反应】 按规定剂量使用，暂未见不良反应。

·甘矾解毒片·

【处方】 白矾 100g、雄黄 20g、甘草 100g。

【性状】 本品为淡黄色至橘黄色的片；气特异，味涩、微甜。

【功能】 清瘟解毒，燥湿止痢。

【主治】 鸡白痢。

【用法与用量】 每只鸡 6 片，分 2 次服。

【注意】 限用于 2 周龄以内雏鸡。

【不良反应】 按规定剂量使用，暂未见不良反应。

六、助消化促生长类中兽药制剂

·保　健　锭·

【处方】 樟脑 30g、薄荷脑 5g、大黄 15g、陈皮 8g、龙胆 15g、甘草 7g。

【性状】 本品为黄褐色扁圆形的块体；有特殊芳香气，味辛、苦。

【功能】 健脾开胃，通窍醒神。

【主治】 消化不良，食欲不振。

【用法与用量】每只鸡 0.5～2g。

【不良反应】按规定剂量使用，暂未见不良反应。

·健　鸡　散·

【处方】党参 20g、黄芪 20g、茯苓 20g、六神曲 10g、麦芽 10g、炒山楂 10g、甘草 5g、炒槟榔 5g。

【性状】本品为浅黄灰色的粉末；气香，味甘。

【功能】益气健脾，消食开胃。

【主治】食欲不振，生长缓慢。

【用法与用量】每千克饲料 20g。

【不良反应】按规定剂量使用，暂未见不良反应。

·龙　胆　末·

本品为龙胆制成的散剂。

【性状】本品为淡黄棕色的粉末；气微，味甚苦。

【功能】健胃。

【主治】食欲不振。

【用法与用量】每只鸡 1.5～3g。

【不良反应】按规定剂量使用，暂未见不良反应。

·五味健脾合剂·

【处方】白术（炒）200g、党参 200g、六神曲 267g、山药 200g、炙甘草 133g。

【性状】本品为红棕色的液体；味甜、微苦。

【功能】健脾益气，开胃消食。

【主治】用于促进肉鸡生长。

【用法与用量】混饮：每升水 1mL。

【不良反应】按规定剂量使用，暂未见不良反应。

·石香颗粒·

【处方】苍术 360g、关黄柏 240g、石膏 240g、广藿香 240g、木香 240g、甘草 120g。

【性状】本品为棕色至棕褐色的颗粒；气微香，味苦。

【功能】清热泻火，化湿健脾。

【主治】高温引起的精神委顿、食欲不振、生产性能下降。

【用法与用量】每千克体重 0.15g，连用 7d；预防量减半。

【不良反应】按规定剂量使用，暂未见不良反应。

·博落回散·

为橘黄色的粉末；有刺激性，味苦。

【主要成分】博落回。

【功能与主治】抗菌消炎，开胃，促生长。

【用法与用量】混饲：每千克饲料，仔鸡 30～50mg，成年鸡 20～30mg。可长期添加使用。

【不良反应】按规定剂量使用，暂未见不良反应。

七、治疗热病类中兽药制剂

·清瘟败毒丸·

【处方】石膏 120g、地黄 30g、水牛角 60g、黄连 20g、栀子 20g、牡丹皮 20g、黄芩 25g、赤芍 25g、玄参 25g、知母 30g、连翘 30g、桔梗 25g、甘草 15g、淡竹叶 25g。

【性状】本品为灰黄色的水丸；味苦、微甜。

【功能】泻火解毒，凉血。

【主治】热毒发斑，高热神昏。

【用法与用量】每千克饲料 2～3 丸。

【不良反应】按规定剂量使用，暂未见不良反应。

·清瘟解毒口服液·

【处方】地黄 150g、栀子 250g、黄芩 225g、连翘 200g、玄参 150g、板蓝根 200g。

【性状】本品为棕黑色的液体；气微，味苦。

【功能】清热解毒。

【主治】外感发热。

【用法与用量】每只鸡 0.6～1.8mL，连用 3d。

【不良反应】按规定剂量使用，暂未见不良反应。

·清瘟败毒片·

【处方】石膏 120g、地黄 30g、水牛角 60g、黄连 20g、栀子 30g、牡丹皮 20g、黄芩 25g、赤芍 25g、玄参 25g、知母 30g、连翘 30g、桔梗 25g、甘草 15g、淡竹叶 25g。

【性状】本品为灰黄色片（或糖衣片）；味苦、微甜。

【功能】泻火解毒，凉血。

【主治】热毒发斑，高热神昏。

【用法与用量】每千克体重 2～3 片。

【不良反应】按规定剂量使用，暂未见不良反应。

·清瘟败毒散·

【处方】同清瘟败毒片。

【性状】本品为灰黄色的粉末；气微香，味苦、微甜。

【功能】【主治】【不良反应】同清瘟败毒片。

【用法与用量】每只鸡1～3g。

·金叶清温散·

【处方】金银花320g、大青叶320g、板蓝根240g、柴胡240g、鹅不食草128g、蒲公英160g、紫花地丁160g、连翘160g、甘草160g、天花粉120g、白芷120g、防风80g、赤芍48g、浙贝母112g、乳香16g、没药16g。

【性状】本品为灰褐色的粉末；气微香，味苦。

【功能】清瘟败毒，凉血消斑。

【主治】热毒壅盛。

【用法与用量】每千克饲料5～10g。

【不良反应】按规定剂量使用，暂未见不良反应。

·双黄败毒颗粒·

【处方】黄连316g、黄芩316g、黄芪916g、茯苓468g、茵陈468g、蛇床子468g、黄精468g、连翘468g、五倍子396g、栀子316g、莪术200g、三棱200g。

【性状】本品为棕色至棕褐色的颗粒；气香，味甘、苦。

【功能】清热解毒，益气固表，燥湿利胆。

【主治】热毒壅盛所致的发热，神昏，咳喘，腹泻等症。

【用法与用量】混饮，一次量，每千克体重0.5g，连用3～5d。

【不良反应】按规定剂量使用，暂未见不良反应。

八、治疗感冒类中兽药制剂

·银 翘 片·

【处方】金银花60g、连翘45g、薄荷30g、荆芥30g、淡豆豉

30g、牛蒡子 45g、桔梗 23g、淡竹叶 20g、甘草 20g、芦根 30g。

【性状】本品为棕褐色的片；气香，味微甘、苦、辛。

【功能】辛凉解表，清热解毒。

【主治】风热感冒，咽喉肿痛，疮痈初起。

【用法与用量】每只鸡 1～2 片。

【不良反应】按规定剂量使用，暂未见不良反应。

·双黄连片·

【处方】金银花 375g、黄芩 375g、连翘 750g。

【性状】本品为灰黄褐色的片；味苦。

【功能】辛凉解表，清热解毒。

【主治】感冒发热。

【用法与用量】每只鸡 2～5 片。

【不良反应】按规定剂量使用，暂未见不良反应。

·贯 连 散·

【处方】绵马贯众 1 960g、黄连 590g、柴胡 390g、甘草 390g、海藻 66g。

【性状】本品为黄褐色的粉末。

【功能】清热解毒，益气升阳。

【主治】用于预防鸡温热感冒。

【用法与用量】混饲：每千克饲料 2.5～5g，连用 3～5d。

【不良反应】按规定剂量使用，暂未见不良反应。

·穿板鱼连丸·

【处方】穿心莲 363g、板蓝根 163g、鱼腥草 120g、连翘 100g、石菖蒲 40g、广藿香 40g、蟾酥 9g、冰片 60g、芦根 65g、石膏 40g。

【性状】本品为浅棕色至棕色的水丸；气微香，味苦、辛，稍有麻舌感。

【功能】清热解毒，利咽消肿。

【主治】肺经热盛，风热感冒。

【用法与用量】一次量，每只鸡 1～2 丸，每日 2 次。

【不良反应】按规定剂量使用，暂未见不良反应。

·穿板鱼连散·

【处方】同穿板鱼连丸。

【性状】本品为棕色的粉末；气微香，味苦、辛，稍有麻舌感。

【功能】【主治】【不良反应】同穿板鱼连丸。

【用法与用量】每只鸡 0.5g。

·双黄连散·

【处方】金银花 375g、黄芩 375g、连翘 750g。

【性状】本品为黄褐色的粉末；气香，味苦。

【功能】疏风解表，清热解毒。

【主治】感冒发热。

【用法与用量】每只鸡 0.75～1.5g。

【不良反应】按规定剂量使用，暂未见不良反应。

·双黄连口服液·

【处方】同双黄连散。

【性状】本品为棕红色的澄清液体；微苦。

【功能】辛凉解表，清热解毒。

【主治】感冒发热。

证见体温升高，耳鼻温热，发热与恶寒同时并见，被毛逆立，精神沉郁，结膜潮红，流泪，食欲减退，或有咳嗽，呼出气热，咽喉肿痛，口渴欲饮。

【用法与用量】 每只鸡 0.5～1mL。

【不良反应】 按规定剂量使用，暂未见不良反应。

·忍冬黄连散·

【处方】 忍冬藤 500g、黄芩 250g、连翘 250g。

【性状】 本品为黄棕色的粉末；气香，味微苦。

【功能】 清热解毒，辛凉解表。

【主治】 感冒发热。

【用法与用量】 每千克体重 1～2g。

【不良反应】 按规定剂量使用，暂未见不良反应。

九、治疗痛风、腹水综合征类中兽药制剂

·金钱草散·

【处方】 金钱草 60g、车前子 9g、木通 9g、石韦 9g、瞿麦 9g、忍冬藤 15g、滑石 15g、冬葵果 9g、大黄 18g、甘草 9g、虎杖 9g、徐长卿 9g。

【性状】 本品为棕黄色的粉末；气微，味淡、微甘。

【功能】 清热利湿，消肿。

【主治】 鸡痛风症。

【用法与用量】 混饲：每千克饲料 5～10g。

【不良反应】 按规定剂量使用，暂未见不良反应。

·二苓车前子散·

【处方】 猪苓 20g、茯苓 20g、泽泻 20g、白术 20g、桂枝 10g、

丹参 20g、滑石 40g、车前子 20g、葶苈子 20g、陈皮 20g、附子 10g、山楂 20g、六神曲 30g、炙甘草 10g。

【性状】本品为黄色至黄棕色的粉末；气微香，味甘、微辛。

【功能】温阳健脾，渗湿利水。

【主治】肉鸡腹水综合征。

【用法与用量】混饲：每千克饲料 20g。

【不良反应】按规定剂量使用，暂未见不良反应。

·二苓石通散·

【处方】猪苓 10g、泽泻 10g、苍术 30g、桂枝 20g、陈皮 30g、姜皮 20g、木通 20g、滑石 30g、茯苓 20g。

【性状】本品为灰黄色的粉末；气微香。

【功能】利水消肿。

【主治】肉鸡腹水。

【用法与用量】混饲：每千克饲料 5g，连用 3～5d。

【不良反应】按规定剂量使用，暂未见不良反应。

·芪灵绞股蓝散·

【处方】黄芪 200g、茯苓 150g、紫草 150g、绞股蓝 350g、泽泻 150g。

【性状】本品为紫褐色的粉末；气微香，味甘。

【功能】益气活血，渗湿健脾，利水消肿。

【主治】肉鸡腹水综合征。

【用法与用量】混饲：每千克饲料 4g。

【不良反应】按规定剂量使用，暂未见不良反应。

十、护肝用中兽药制剂

·护 肝 颗 粒·

【处方】柴胡 313g、茵陈 313g、板蓝根 313g、五味子 168g、猪胆粉 20g、绿豆 128g。

【性状】为棕色至棕黄色颗粒；味苦。

【功能】疏肝理气，健脾消食。

【主治】用于脂肪肝综合征。

【用法与用量】混饮：每升水 4.5g，连用 7d。

【不良反应】按规定剂量使用，暂未见不良反应。

·肝 胆 颗 粒·

【处方】板蓝根 1 500g、茵陈 1 500g。

【性状】本品为棕色的颗粒；味微苦。

【功能】清热解毒，保肝利胆。

【主治】肝炎。

【用法与用量】混饮：每升水 1g。

【不良反应】按规定剂量使用，暂未见不良反应。

·消 肿 解 毒 散·

【处方】制大黄 100g、醋三棱 150g、金钱草 300g、泽兰 120g、丹参 120g、硼砂 250g、虎杖 120g。

【性状】本品为淡棕黄色的粉末；气微香，味微苦。

【功能】化瘀，利湿，解毒。

【主治】肝肾肿大。

【用法与用量】混饲：每千克饲料 3g，连用 10d。

【不良反应】按规定剂量使用，暂未见不良反应。

第七节 免疫调节药

·黄芪多糖注射液·

【主要成分】黄芪。

【性状】本品为黄色至黄褐色澄明液体，长久贮存或冷冻后有沉淀析出。

【功能】益气固本，诱导产生干扰素，调节机体免疫功能，促进抗体形成。

【主治】用于鸡传染性法氏囊病等病毒性疾病。

【用法与用量】肌内、皮下注射：每千克体重 2mL，连用 2d。

【不良反应】按规定剂量使用，暂未见不良反应。

·黄芪多糖口服液·

【主要成分】黄芪。

【性状】本品为黄色至红棕色的液体。

【功能】扶正固本；调节机体免疫。

【主治】可辅助用于鸡传染性法氏囊病的预防和治疗。

【用法与用量】混饮：每升水 0.7～1mL，连用 5～7d。

【不良反应】按规定剂量使用，暂未见不良反应。

·黄芪多糖粉·

【主要成分】黄芪。

【性状】本品为浅黄色或黄色的粉末；有较强吸湿性，味微甜。

【功能】益气固本；调节机体免疫。

【主治】可辅助用于鸡传染性法氏囊病的预防性治疗。

【用法与用量】混饮：每升水200mg，自由饮用，连用5～7d。

【不良反应】按规定剂量使用，暂未见不良反应。

·玉屏风口服液·

【处方】黄芪600g、防风200g、白术（炒）200g。

【性状】本品为棕红色至棕褐色的液体；味微苦、涩。

【功能】益气固表，提高机体免疫力。

【主治】表虚不顾，易感风邪。

【用法与用量】混饮：每升水2mL，连用3～5d。

【不良反应】按规定剂量使用，暂未见不良反应。

·芪芍增免散·

【处方】黄芪300g、白芍300g、麦冬150g、淫羊藿150g。

【性状】本品为暗黄绿色的粉末；气微香，味微苦。

【功能】益气养阴。

【主治】用于提高鸡免疫力，可配合疫苗使用。

【用法与用量】每千克饲料10g，连用15d。

【不良反应】按规定剂量使用，暂未见不良反应。

·芪贞增免散·

【处方】黄芪180g、女贞子90g、淫羊藿90g。

【性状】本品为黄棕色的颗粒；味甜。

【功能】滋补肝肾，益气固表。

【主治】鸡免疫力低下。

【用法与用量】混饮：每升水1g，连用3～5d。

【不良反应】按规定剂量使用，暂未见不良反应。

·紫锥菊口服液·

【主要成分】紫锥菊。

【性状】为棕红色澄清液体，久置后有少量沉淀；味甘，微苦。

【功能与主治】促进免疫功能。用于提高新城疫疫苗的免疫效果。

【用法与用量】混饮：每升水 1.5mL，连用 10d。

【不良反应】按规定剂量使用，暂未见不良反应。

【注意事项】用时摇匀。

·紫锥菊末·

【主要成分】紫锥菊。

【性状】为黄绿色至灰绿色的粉末；气微。

【功能与主治】促进免疫功能。用于提高新城疫疫苗的免疫效果。

【用法与用量】混饲：每千克饲料 1g，连用 10d。

【不良反应】按规定剂量使用，暂未见不良反应。

·参芪粉·

【主要成分】黄芪、党参。

【性状】为淡黄色或黄色粉末；气微，味微甘。

【功能与主治】补中益气，扶正祛邪。用于提高机体免疫力，增强鸡抵抗力，配合疫苗使用提高疫苗保护率。

【用法与用量】混饮：每升水 1g，疫苗免疫后连用 7d。

【不良反应】按规定剂量使用，暂未见不良反应。

·人参叶口服液·

【主要成分】人参叶。

【性状】为棕黄色至棕色液体；味微苦。

【功能与主治】增强动物免疫机能，提高免疫效果。用于鸡免疫机能低下。

【用法与用量】每千克体重 0.125mL，疫苗免疫前连用 7d。

【不良反应】按规定剂量使用，暂未见不良反应。

第九节　微生态制剂

·枯草芽孢杆菌活菌制剂（TY7210 株）·

本品为土黄色至黄褐色乳状液，久置后，有少量沉淀物。

【作用与用途】用于预防和治疗细菌性腹泻和促进生长。

【用法与用量】口服或与少量饲料混合饲喂。

预防用量：每只每次 0.5mL，每日 1 次，共服用 1～3 次。

治疗用量：每只每次 0.5mL，每日 1 次，共服用 3 次。

【注意事项】(1) 本品严禁注射。

(2) 本品不得与抗菌药物和抗菌药物添加剂同时使用。

(3) 打开内包装后，限当日用完。

(4) 1～7 日龄内服用，效果更佳。

·脆弱拟杆菌、粪链球菌、蜡样芽孢杆菌复合菌制剂·

本品为白色或黄色干燥粗粉，外观完整光滑、色泽均匀。

【作用与用途】对沙门氏菌及大肠杆菌引起的细菌性下痢，如雏鸡白痢均有疗效，并有调整肠道菌群失调，提高机体免疫力促进生长作用。

【用法与用量】用凉水溶解后饮用，或拌入饲料中口服。按饲料重量添加，预防量添加 0.1%～0.2%、治疗量添加 0.2%～0.4%。

【注意事项】（1）严禁与抗菌药物和抗菌药物饲料添加剂同时使用。

（2）现拌料（或溶解）现吃，限当日用完。

·蜡样芽孢杆菌、粪链球菌活菌制剂·

本品为灰白色干燥粉末。

【作用与用途】本品为畜禽饲料添加剂，可防治幼畜禽下痢，促进生长和增强机体的抗病能力。

【用法与用量】作饲料添加剂，按一定比例拌入饲料，雏鸡料0.1%～0.2%、成年鸡料0.1%。或仔鸡每日每只0.1～0.2g。治疗量加倍。

【注意事项】本品勿与抗菌药物和抗菌药物添加剂同时使用，且勿用50℃以上热水溶解。

·蜡样芽孢杆菌活菌制剂（DM423）·

本品粉剂为灰白色或灰褐色干燥粗粉或颗粒状；片剂为外观完整光滑，类白色，色泽均匀。

【作用与用途】用于畜禽腹泻的预防和治疗，并能促进生长。

【用法与用量】口服。按下述药量与少量饲料混合饲喂，病重可逐头喂服。

治疗用量：雏鸡，每羽每次0.5g，日服1次，连服3d。

预防用量：雏鸡，每羽每次0.25g日服1次，连服5～7d。

【注意事项】本品不得与抗菌药物和抗菌药物添加剂同时使用。

·蜡样芽孢杆菌活菌制剂（SA38）·

本品粉剂为灰白色或灰褐色的干燥粗粉；片剂为外观完整光滑、类白色或白色片。

【作用与用途】主要用于预防和治疗雏鸡的腹泻，并能促进生长。

【用法与用量】治疗用量：雏鸡每只 30～50mg，每日 1 次，连服 3d。

预防用量减半，连服 7d。

【注意事项】本品不得与抗菌药和抗菌药物添加剂同时使用。

·双歧杆菌、乳酸杆菌、粪链球菌、酵母菌复合活菌制剂·

本品为乳黄色均匀细粉。

【作用与用途】用于预防肉鸡腹泻。

【用法与用量】将每次用药量拌入少量饲料中饲喂或直接经口喂服，每日 2 次，连服 5～7d。雏鸡，每次每只 0.2g；成年鸡，每次每只 0.5g。

【注意事项】（1）用药时，应现配现用。

（2）服用本制剂时，应停止使用各类抗菌药物。

（3）饮用时，用煮沸后的凉开水稀释，水温不得超过 30℃，不得用含氯自来水稀释，稀释后限当日用完。

（4）1～7日龄内服用，效果更佳。

·乳酸菌复合活菌制剂·

本品粉剂为灰白色或灰褐色干燥粗粉或颗粒状，片剂为外观完整光滑、类白色、色泽均匀。

【作用与用途】本品对沙门氏菌及大肠杆菌引起的细菌性下痢（如雏鸡的白痢和黄痢）均有疗效，并有调整肠道菌群失调，促进生长作用。

【用法与用量】口服。用凉水溶解后作饮水或拌入饲料口服或灌服。治疗量：雏鸡每次 0.1g；成年鸡每次 0.2～0.4g，每天早晚各 1 次。雏鸡 5～7d、成年鸡 3～5d 为 1 个疗程。预防量减半。

【注意事项】（1）本品严禁与抗菌类药物和抗菌药物添加剂同时服用。

（2）服用本制剂时，不得用含氯的自来水稀释，要用煮沸后的凉开水稀释，水温不得超过30℃，稀释后限当日用完。

·酪酸菌活菌制剂·

本品为灰黄色的干燥粉剂。

【作用与用途】用于预防鸡由大肠杆菌引起的腹泻，并能促进鸡的生长。

【用法与用量】内服。与饲料混合后口服。用于预防由大肠杆菌引起的腹泻时，每吨饲料添加1～2kg；用于促进鸡生长时，每吨饲料添加0.5～1kg。

【不良反应】一般无可见的不良反应。

【注意事项】（1）本品不得与抗菌类药物和抗菌药物添加剂同时服用。

（2）口服时严禁用40℃以上热水溶解。

第八节 疫　　苗

疫苗是由完整的微生物（天然或人工改造的）或微生物的分泌成分（毒素）或微生物的部分基因序列经生物学、生物化学和分子生物学等技术加工制成的用于疾病预防控制的一种生物制品。疫苗接种动物机体后，刺激机体产生特异性抗体，当体内的抗体滴度达到一定水平后，就可以抵抗这种病原微生物的侵袭、感染，起到预防这种疾病的作用，这种方式称为主动免疫。主动免疫分为天然主动免疫和人工主动免疫，其中人工主动免疫在肉鸡生产实践中对预防群发性传染病起着重要作用。

一、疫苗的分类

(1) 根据制造疫苗的微生物种类不同，分为细菌疫苗、病毒疫苗、寄生虫疫苗。

(2) 根据制造疫苗原材料来源不同，分为组织苗、培养基苗、鸡胚苗和细胞苗等。

(3) 按照疫苗制造工艺不同，分为常规疫苗和现代基因工程疫苗。

(4) 按照疫苗是否具有感染活性，分为活疫苗和灭活疫苗等。

除此之外，还可以根据佐剂类型、疫苗的物理性状及投放途径不同划分为不同的种类。

二、疫苗的选购和贮藏

(1) 疫苗选购时应检查疫苗名称，生产厂家、批准文号、有效期、性状、贮藏条件等是否与说明书相符。对过期、无批号、性状改变、颜色异常、玻璃瓶有裂纹、瓶塞松动或不明来源的疫苗，不应选购。

(2) 疫苗的贮藏应根据不同种类疫苗选择不同的贮藏设备，一般情况下弱毒疫苗要求在低于－15℃条件下贮藏（冰柜）；灭活疫苗和耐热弱毒疫苗一般要求在2～8℃条件下贮藏。

(3) 疫苗运输时应与储藏条件一致，运送疫苗应采用最快的运输方式，尽量缩短运输时间。

三、疫苗的接种

常用接种方法有滴鼻、滴眼、饮水、皮下或肌内注射、气雾。此外还有刺种、肛门涂擦、羽毛囊涂擦等方法。

1. 滴鼻、点眼 一般在雏鸡眼结膜囊内、鼻孔内，滴头与眼或鼻相距 1cm。

2. 饮水 接种前应禁止饮水 2～4h，饮水器应置于阴凉处，一般限 1h 内饮完。

3. 皮下注射 一般选取颈背部下 1/3 处，针头从颈部皮下朝身体方向刺入。

4. 肌内注射 一般选取腿部和胸部肌肉。胸肌注射将针头成 30°～45°倾斜，于胸 1/3 处朝背部方向刺入胸肌。腿部肌内注射将针头朝身体的方向刺入外侧腿肌。

5. 气雾法 鸡舍要密闭，减少空气流动，免疫时疫苗用量要适当加大，喷头距离鸡头 0.5～1m。

6. 刺种法 用刺种针蘸取稀释的疫苗，于翅膀内侧三角无血管处皮下刺种，应垂直刺下，斜着拔出。

7. 黏膜涂擦 将疫苗涂擦在肉鸡泄殖腔黏膜。

8. 羽毛囊涂擦 先把腿部的羽毛拔去三根，然后用棉球蘸取已稀释好的疫苗，逆羽毛生长的方向涂擦即可。

四、影响疫苗免疫效果的因素

主要包括疫苗因素、免疫程序因素、动物自身因素、营养因素、管理与环境因素等方面。

1. 疫苗因素

（1）*疫苗选择不当* ①血清型差异。有些病原的血清型较多，免疫接种时无法选用与本地流行毒（菌）株相对应的血清型疫苗。如大肠杆菌有 100 多个血清型，并且不同血清型之间缺乏交叉免疫作用。因此，用针对少数几种血清型制成的疫苗并不能很好预防自然界流行的各种不同血清型引起的大肠杆菌病的发生。②使用非法疫苗。非法疫苗的品质很难保证，一旦使用非法产品，极易造成外源病毒污染或者支原体污染。在接种疫苗的同时人为感染一些病原微生物。

（2）运输储存不当　疫苗运输、贮存不当，如光照太强，温度过高或过低，超过有效期等都会导致疫苗的效价下降，造成免疫效果不佳甚至失效。

（3）疫苗使用不当　包括疫苗稀释液使用不当、疫苗稀释浓度不当、疫苗中混入配伍禁忌的药物或其他疫苗、稀释过的活疫苗没有及时用完、免疫接种过程中出现肉鸡漏免等。

（4）疫苗使用剂量不当　剂量过低则效力不足，剂量过大则引起免疫耐受或不安全。抗原剂量越大，所引起的免疫耐受越强越持久。

此外，毒（菌）株的变异、超强毒（菌）株的出现及感染与本地流行毒（菌）株不同或有别于疫苗株的毒（菌）株，都会导致已有疫苗的免疫效果下降甚至失效。

2. 免疫程序因素　科学免疫程序的制订，应建立在对当地疫病的流行情况、动物群的种类、生产情况等方面的调查研究及免疫抗体或母源抗体监测的基础之上。制定适合本场特点的免疫程序，并非免疫的疫苗种类越多越好，免疫程序不能照抄照搬，要因地制宜。制订免疫程序时要着重考虑以下几个因素。

（1）母源抗体的影响　免疫接种的种鸡可经卵黄将母源抗体传给下一代，使其得到被动保护，但母源抗体较高时也能干扰疫苗的效力，因此必须等母源抗体消退到一定的水平之后才能接种疫苗。

（2）免疫间的相互干扰　将两种或两种以上无交叉反应的抗原同时免疫接种时，机体可能会对其中一种抗原的免疫应答降低，因此，为保证免疫效果，对当地比较流行的传染病最好单独接种，同时在产生免疫力之前不要接种对该疫苗有抑制作用的疫苗。

（3）免疫间隔时间的确定　同一类疫苗经过二次或二次以上的免疫后，所产生的抗体维持时间较长，达到的抗体水平较高。重复免疫的时间间隔是根据抗体的维持时间来确定的，一般最短间隔时间不得少于14d。

3. 动物自身因素

（1）遗传因素　动物机体对接种抗原的免疫应答在一定的程度上是受遗传控制的，不同品种，甚至相同品种不同个体，对同一疫苗的反应强弱也有差异，有些品种/个体生来就有先天性免疫缺陷。

（2）疾病因素　某些疾病，如鸡传染性法氏囊病的病原能损害鸡的某些免疫器官，从而降低机体的免疫应答能力。

4. 营养因素　维生素、氨基酸及某些微量元素的缺乏或不平衡等都会使机体免疫应答能力降低。如维生素A的缺乏会导致淋巴细胞的萎缩，影响淋巴细胞的分化、增殖，受体表达与活化，导致体内的T淋巴细胞减少，吞噬细胞的吞噬能力下降，B淋巴细胞的抗体产生能力下降，导致机体免疫应答能力降低。

饲料质量：某些预混料厂家不按质量标准配制预混料，或某些原材料供应商供给客户劣质假冒原料，都会影响免疫效果。

5. 管理与环境因素　舍内温度、湿度、养殖密度、通风、有害气体浓度，运输、转栏、换料、用药及免疫接种等处理不当均会对鸡群产生应激。环境卫生好，可大大减少动物发病机会，即使抗体水平不高也能得到保护。如果环境中有大量的病原体，即使动物抗体水平较高也存在发病的可能，因此加强管理，搞好环境卫生在疫病防治中同等重要。

此外，生物安全因素也很重要，养殖场门口设消毒池，加强圈舍防护、人员出入的防疫管理、病死鸡的无害化处理等方面对于减少环境中病原微生物的传播起着重要作用。

五、肉鸡常用疫苗

目前经批准，肉鸡场常用疫苗有如下几类。

1. 禽流感疫苗　重组禽流感病毒（H5＋H7）二价灭活疫苗（H5N1Re－8株＋H7N9－Re－1株）、禽流感灭活疫苗（H5N2亚型，D7 株）、禽流感病毒 H5 亚型灭活疫苗（D7 株＋Rd8 株）、禽流感病毒 H9 亚型灭活疫苗。

2. 鸡新城疫疫苗 鸡新城疫活疫苗（La Sota 株）、鸡新城疫灭活疫苗（La Sota 株）、鸡新城疫活疫苗（Clone30 株）、鸡新城疫活疫苗（CS2 株）、鸡新城疫灭活疫苗（HB1 株）、重组新城疫病毒灭活疫苗（A-Ⅶ株）等。

3. 鸡马立克氏病疫苗 鸡马立克氏病火鸡疱疹病毒活疫苗（FC-126株）、鸡马立克氏病活疫苗（814 株）、鸡马立克氏病Ⅰ型＋Ⅲ型二价活疫苗（814 株＋HVT Fc-126g 隆株）、鸡马立克氏病活疫苗（CVI988 株）、鸡马立克氏病Ⅰ＋Ⅲ型二价活疫苗（CVI988＋FC126 株）。

4. 鸡传染性法氏囊病疫苗 鸡传染性法氏囊病活疫苗（B87 株）、鸡传染性法氏囊病活疫苗（NF8 株）、鸡传染性法氏囊病活疫苗（Bj836 株）、鸡传染性法氏囊病活疫苗（K85 株）。

5. 鸡传染性支气管炎疫苗 鸡传染性支气管炎活疫苗（H120 株）、鸡传染性支气管炎活疫苗（H52 株）、鸡传染性支气管炎活疫苗（W93 株）、鸡传染性支气管炎活疫苗（LDT3-A 株）、鸡传染性支气管炎活疫苗（NNA 株）。

6. 鸡毒支原体病疫苗 鸡毒支原体活疫苗、鸡毒支原体灭活疫苗。

7. 鸡传染性鼻炎疫苗 鸡传染性鼻炎（A 型）灭活疫苗、鸡传染性鼻炎（A 型＋C 型）灭活疫苗。

六、注意事项

（1）进行免疫接种当天，应禁止对禽舍消毒，禁止投服一些抗菌类及抗病毒类药物。

（2）疫苗接种前，应仔细观察鸡群的健康状况。若鸡群总体健康状况差，甚至发生疫情，应暂缓接种疫苗。

（3）使用疫苗时应登记疫苗批号、注射地点、日期和禽数，并保存同批样品两瓶，保存时间不少于免疫后 2 个月，以便若有不良反应和异常情况检查原因所用。

（4）严禁用热水、温水及含氯消毒剂的水稀释疫苗，以防破坏疫苗的活性。

（5）注射过程应严格消毒，针头应逐头更换，更不得一支注射器混用多种疫苗，同时使用后要正确处理，防止散毒。

（6）接种疫苗后，仍要注意鸡场环境卫生，避免肉鸡在尚未完全产生免疫力之前感染强毒，造成免疫失败。

（7）疫苗用量不要过度贪大，否则会造成强烈应激，使免疫应答减弱，影响免疫效果。

肉鸡常见疾病临床用药

肉鸡养殖中首先应当关注的是感染性疾病，包括病毒性疾病和细菌性疾病，以及寄生虫病。其次应当关注营养代谢性疾病。病毒性疾病只能依靠使用疫苗免疫进行防控，细菌性疾病及寄生虫病则有各种药物可供选择使用。

第一节　肉鸡病毒性传染病

对肉鸡养殖危害较大的病毒性疾病较多，这里主要介绍以下几种重要病毒病的防控。

一、马立克氏病

马立克氏病（MD）是鸡的一种常见的淋巴细胞增生性疾病，通常以外周神经和包括虹膜、皮肤在内的其他各种器官和组织的单核细胞浸润为特征。鸡是MD最重要的自然宿主。在鸡只之间很容易发生直接或间接接触传播，为空气传播，不能垂直传播。MD存在两种表现型：经典型和急性型。发生经典型MD时，感染的鸡表现出不同程度的共济失调和颈部或四肢的疲软性麻痹，一般从接种或接触病毒后8～12d开始，症状通常持续1～2d，接着快速且完全康复，尽管康复鸡几周后可能会死于MD淋巴瘤。鸡发生急性（致死）型MD在麻痹开始后24～72h内死亡。MD的病理变化主要包括神经损伤和内脏淋巴瘤。严重受侵害的外周神经表现横纹消失、灰色或黄色的褪色及有时呈水肿样外观。淋巴瘤可在一种或多种器官和组织中发生。

【预防】该病以接种疫苗免疫为主要预防措施，我国正式批准的疫苗有几个不同类型的MD疫苗，既有单价的也有多种组合的。使用最广泛的疫苗是致弱的MD血清1型疫苗和天然无毒力HVT或血清2型病毒疫苗。MD疫苗接种于出壳前和刚孵出的雏鸡，因为早期免疫力很重要。细胞结合性疫苗和细胞游离性疫苗都是通过皮下或肌内注射，一般每只鸡剂量超过2 000蚀斑形成单位。在孵化到第18天直接给鸡胚接种疫苗也能发挥作用。优质肉鸡（100日龄左右上市）应该在1日龄免疫马立克氏病疫苗。AA鸡、爱维茵、红宝等快速型肉鸡可于7日龄皮下注射1羽份马立克氏病疫苗。

二、新城疫

新城疫（ND）是由新城疫病毒引起的一种急性、热性、败血性和高度接触性传染病。主要侵害鸡和火鸡，其他禽类和人亦可受到病毒感染。鸡、野鸡、火鸡、珍珠鸡、鹌鹑易感。其中以鸡最易感，野鸡次之。不同年龄的鸡易感性存在差异，幼雏和中雏易感性最高，两年以上的老鸡易感性较低。病鸡是主要的传染源，一年四季均可发生，但以春秋季较多。发病后部分鸡出现转脖、望星、站立不稳或卧地不起等神经症状，剖检腺胃乳头出血，肠道表现有枣核状紫红色出血、坏死灶。喉头和气管黏膜充血、出血，有黏液。

【预防】预防的关键是对健康鸡进行定期免疫接种。

（1）优质肉鸡（100日龄左右上市），1日龄点眼滴鼻或气雾免疫新支二联苗（ND+IB），8日龄饮水或滴鼻点眼免疫新城疫Ⅱ系2倍或Ⅳ系苗1.5倍量。10日龄皮下或肌内注射新流二联苗（ND+H9），21日龄再次免疫新流二联苗（ND+H9），38日龄点眼滴鼻或气雾新城疫Ⅳ系或克隆30弱毒疫苗。

（2）快大型肉鸡（45日龄左右上市），1日龄点眼滴鼻或气雾免疫新城疫（4系或克隆30）＋传染性支气管炎（H120）二联弱毒疫苗，10日龄重复免疫1次，25日龄点眼滴鼻或肌内注射新城疫（4系或克隆30）弱毒疫苗（3～5头份）。

三、禽流感

禽流感是由A型禽流感病毒引起的一种禽类的急性传染病。通常只感染鸟类，少数情况会感染猪，也能感染人类。又称真性鸡瘟或欧洲鸡瘟。鸡、火鸡最易感，鸭、鹅及其他水禽多为隐性感染。主要经呼吸道传播，病禽和带毒候鸟是主要的传染源，鸡群中的禽流感主要发生在冬、春季节，没有其他明显的规律性。病鸡精神沉郁，食欲废绝；母鸡 的产蛋量下降；轻度直至严重的呼吸道症状，包括咳嗽、打喷嚏和大量流泪；头部和脸部水肿，神经紊乱和腹泻。

【预防】目前在禽流感的防治方面，以传统的全病毒灭活疫苗的应用最为广泛，禽流感疫苗需在我国农业农村部指定范围内应用。H5亚型禽流感建议免疫程序：

（1）优质肉鸡（100日龄左右上市），10日龄和50日龄各免疫一次。

（2）快大型肉鸡（45日龄左右上市），10日龄用禽流感（H5＋H9）油乳剂灭活疫苗肌内或皮下注射免疫。

H9亚型禽流感建议免疫程序：①优质肉鸡（100日龄左右上市），10日龄皮下或肌内注射新流二联苗（ND＋H9），21日龄再次免疫新流二联苗（ND＋H9）；②快大型肉鸡（45日龄左右上市），10日龄用禽流感（H5＋H9）油乳剂灭活疫苗肌内或皮下注射免疫。

四、传染性支气管炎

传染性支气管炎是由传染性支气管炎病毒引起的鸡的急性、高度接触性呼吸道传染病。主要发生于雏鸡。自然感染仅见于鸡、雉鸡，各种日龄的鸡均可感染，但以雏鸡发病最严重。传染源主要是病鸡和康复后带毒鸡，主要通过空气传播，一年四季都可发生，但以冬季最为严重。呈散发或地方性流行。特征是咳嗽、喷嚏、气管啰音和呼吸道黏膜呈浆液性卡他性炎症。如发生肾病变型传染性支气管炎，还会出现病鸡肾肿大、肾小管和输尿管内有尿酸盐沉积等病理变化。

【预防】目前常用的疫苗有活苗和灭活苗两种，我国广泛应用的活苗是H52和H120株疫苗，两种疫苗的区别在于前者的毒力较弱，主要用于免疫3～4周龄以内的雏鸡。二联苗主要是新城疫、传染性支气管炎的二联苗，由于使用上较方便，并节省资金，故应用者也较多。优质肉鸡（100日龄左右上市）应该在10～14日龄用H120做首免，25～30日龄用H52进行第2次免疫。免疫方法可采用点眼(鼻)、饮水和气雾方法。

五、传染性法氏囊病

传染性法氏囊病是一种危害青年鸡的烈性、高度接触性病毒病，主要侵害淋巴组织（法氏囊）。鸡是已知的唯一受传染性法氏囊病毒感染而临床发病并有明显病变的动物。感染鸡群最早出现的临床症状是啄肛。病鸡泄殖腔周围羽毛粘有泥土、白色或水样粪便，食欲减退，精神沉郁，羽毛竖起，严重虚脱，最终死亡。病鸡脱水，后期体温低于正常体温。死于传染性法氏囊病的鸡表现脱水，胸肌颜色发暗，股部和胸部肌肉经常出血。肠道内黏液增加，死亡或者病程较长的鸡肾脏病变明显。法氏囊是传染性法氏囊病的主要靶器官。感染后2～3d，法氏囊浆膜面有胶冻样黄色渗出液，表面的纹理变得明显，颜色由正常的白色变成乳白色；随着法氏囊恢复到正常体积，表面的渗出液开始消失。当法氏囊开始萎缩时，即变成灰色。

【预防】预防接种是预防鸡传染性法氏囊病的一种有效措施。目前我国批准生产的疫苗有弱毒苗和灭活苗。①低毒力株弱毒活疫苗，用于无母源抗体的雏鸡早期免疫，对有母源抗体的鸡免疫效果较差。可以点眼、肌内注射或饮水免疫；②中等毒力株弱毒活疫苗，供各种有母源抗体的鸡使用，可点眼、口服、注射；③灭活疫苗，使用时应与鸡传染性法氏囊病活苗配套。

鸡传染性法氏囊病免疫效果受免疫方法、免疫时间、疫苗选择、母源抗体等因素的影响。其中母源抗体是非常重要的因素。有条件的鸡场应依测定母源抗体水平的结果，制定相应的免疫程序。优质肉鸡（100 日龄左右上市）应该在 12 日龄免疫法氏囊疫苗。

第二节　肉鸡细菌性传染病

一、传染性鼻炎

由副鸡禽杆菌（曾命名为副鸡嗜血杆菌）引起的一种急性呼吸道传染病，主要表现为颜面部水肿，流鼻涕和流眼泪。本病只发生于鸡，常发生于 8～12 周龄。病鸡及隐性带菌鸡是传染源。主要通过含病原体的飞沫及尘埃经呼吸道感染，也可通过污染饲料和饮水经消化道感染。发病与机体抵抗力下降有关，常与其他细菌或病毒并发感染或混合感染。秋冬季节多发，呈地方性流行。病鸡精神委顿，垂头缩颈，食欲下降；不时甩头，打喷嚏，鼻孔流稀薄清液或浆液黏性分泌物；眼结膜发炎，流眼泪，单侧或双侧颜面部水肿。主要病变在鼻腔和鼻窦。黏膜充血肿胀，表面覆有大量黏液，窦内有渗出物凝块或干酪样坏死物。

【预防】本病常由外界不良因素诱发，因此预防重在加强鸡群饲养管理，改善养殖环境，做好清洁消毒。本病预防的另一重要措施是进行免疫接种，目前批准使用的疫苗有鸡传染性鼻炎三价灭活疫苗、鸡传染性鼻炎灭活疫苗。

鸡传染性鼻炎三价灭活疫苗：肉鸡1～2周龄接种。

鸡传染性鼻炎灭活疫苗：用于5周龄健康鸡，免疫2次，两次免疫间隔4周以上。

【治疗】副鸡禽杆菌对磺胺类、喹诺酮类药物敏感，临床上可选用磺胺类、氟喹诺酮类、大观霉素、红霉素、泰乐菌素、土霉素等药物治疗。

给药前最好先剖检病鸡采集病料进行细菌学检查，分离病原菌进行药敏试验，根据检测结果选用敏感药物治疗或调整用药。

二、支原体病

由支原体引起的一种以慢性呼吸道感染为主要特征的传染性疾病，病原包括鸡毒支原体和滑液支原体。鸡毒支原体感染又称为慢性呼吸道病（火鸡称为传染性窦炎），临床表现以呼吸道症状为主；滑液支原体感染又称传染性滑膜炎，特征病变为关节、腱鞘和脚掌肿胀。鸡和火鸡对本病均易感，各种日龄鸡均可发病。雏鸡比成年鸡更易感，病情表现也更严重。病鸡和带菌鸡是主要传染源，可通过垂直和水平方式传播。支原体可通过病鸡咳嗽、喷嚏的飞沫和尘埃经呼吸道传染；被支原体污染的饮水、饲料、用具可将本病由一个鸡群传至另一个鸡群；被感染的种鸡可将支原体传给种蛋，使本病在下代鸡群中连续不断地发生；带支原体的鸡胚制作弱毒苗时，可造成疫苗污染而散播本病。本病四季均可发生，但冬春季节易发。幼龄鸡发病症状较典型，表现为精神不振，食欲下降，逐渐消瘦，流浆液或黏液性鼻液，呼吸不畅，出现甩头、咳嗽、喷嚏、喘气，有呼吸啰音，眼睑肿胀。常与新城疫、传染性法氏囊病、传染性喉气管炎、传染性支气管炎、传染性鼻炎、大肠杆菌病等混合感染而加重病情。鸡滑膜支原体感染主要症状表现为鸡下肢单侧关节肿大，跛行，后期瘫痪，极度消瘦。

单纯性鸡毒支原体感染主要病变可见鼻道、气管、支气管和气囊内有混浊、黏稠或干酪样渗出物，气囊壁增厚、混浊，呼吸道黏膜水肿、充血、增厚。

【预防】支原体感染在鸡场比较普遍，一般通过强化生物安全、疫苗免疫接种、消除种蛋内支原体、培育无支原体感染鸡群、药物防治等综合措施减少发病损失或净化本病。目前已批准使用的有鸡毒支原体活疫苗/灭活苗、鸡滑液支原体活疫苗。

鸡毒支原体活疫苗：3～5日龄初免，60～80日龄二免。

鸡毒支原体灭活苗：15～20日龄初免，60～80日龄二免。

活疫苗、灭活苗联合使用：先用活疫苗再用灭活苗。

【治疗】支原体对大环内酯类、喹诺酮类药物敏感，临床上可选用大环内酯类（如替米考星、泰乐菌素）、氟喹诺酮类（如恩诺沙星）、四环素类（如土霉素、多西环素）、截短侧耳素类（泰妙菌素、沃尼妙林）、林可胺类（林可霉素）等药物治疗。应尽可能在早期感染阶段进行药物治疗，以防呼吸道损伤和继发感染。

鉴于不同地域和不同养禽场分离株对药物的敏感性和耐药性存在差异，因此在给药前最好剖检病鸡采集病料分离支原体进行药敏试验，根据药敏检测结果选用高效药物进行治疗或调整用药。

也可选用我国批准的中兽药制剂镇喘散、牛蟾颗粒、蟾胆片作辅助治疗。

三、衣原体病

衣原体病是由各类衣原体感染哺乳类动物、禽类、节肢昆虫所发生的一类自然疫源性人兽共患传染病。禽的衣原体病又称鸟疫，由鹦鹉热衣原体引起。家禽和野禽对鹦鹉热衣原体均易感，通常幼禽比成禽更易感，易出现临床症状和死亡。鹦鹉热衣原体也可感染人和其他哺乳动物。主要通过含病原体的尘埃、飞沫或污染物经呼吸道、消化道、眼结膜感染，海鸥、麻雀等鸟类可传播该病。本病呈地方性流行，四季均可发生，秋冬和初春易发，常与其他病原并发或混合感染，应激可促进本病发生。因宿主易感性、感染毒株、感染途径不同，禽衣原体病临床上可表现为急性、亚急性、慢性或亚临床性。鸡对鹦鹉热衣原体具有相当抵抗力，自然感染多呈隐性或一过性，幼鸡急性感染症状较明显，表现为精神沉郁，消瘦，呼吸困难。

禽鹦鹉热衣原体病无特征性病变。肉鸡病变主要集中在肺脏、气囊、肝脏、气管和肾脏。肺脏表现为单侧或双侧有纤维素性渗出物，肺边缘粘连；单侧或双侧气囊炎：肝脏色变淡，偶见坏死灶，后期出现肝周炎；气管喉头常见有大量黏液，少数病例出现严重的气管炎；肾脏肿大、出血。

【预防】 衣原体病是一种广泛传播的自然疫源性人兽共患传染病，应采取综合措施进行防控。如建立生物安全体系，加强饲养管理，实行自繁自养和全进全出制度，建立疫情监测制度，严格卫生消毒制度，开展免疫接种和药物防治等。迄今为止，尚无批准使用的预防禽鹦鹉热衣原体病的疫苗。

【治疗】 可选用氟喹诺酮类、四环素类药物治疗。

四、沙门氏菌病

沙门氏菌感染可引起禽类多种急性和慢性疾病，主要危害家禽的包括鸡白痢和禽伤寒。鸡白痢沙门氏菌可引起雏鸡和雏火鸡白痢，这是一种急性全身性疾病。禽伤寒是由鸡伤寒沙门氏菌引起的一种急性或慢性败血病，主要危害成年鸡。雏鸡对鸡白痢沙门氏菌和鸡伤寒沙门氏菌高度易感，而成年鸡对鸡伤寒沙门氏菌较为易感。鸡白痢和禽伤寒呈世界范围分布。鸡是鸡白痢沙门氏菌和鸡伤寒沙门氏菌的自然宿主。受感染的禽（发病禽和携带者）是本病蔓延与传播的最重要方式。感染鸡不仅将疾病通过水平传播传给同代禽，而且还经蛋传给下一代。鸡白痢沙门氏菌还可以通过蛋壳进入蛋内或通过污染饲料传播。

雏鸡：鸡白痢和禽伤寒症状类似，表现为嗜睡、虚弱、食欲下降、生长不良、肛周黏附白色物，继之出现死亡。但发生鸡白痢时，可见到病雏呼吸困难和喘息。剖检可见病禽肝脏、脾脏和肾脏肿大、充血。

鸡白痢和禽伤寒慢性感染鸡最常见的病变是心包炎，卵泡变形、变色，出现囊肿或呈结节状。

【预防】 目前尚无批准的疫苗。采取全面的饲养管理措施可有效降低鸡白痢和禽伤寒的发病率。主要包括：

（1）从无鸡白痢和禽伤寒的养殖场引进雏鸡。

（2）无鸡白痢和禽伤寒的鸡群不能与其他家禽或舍饲禽混养。

（3）雏鸡应饲养于能够清理粪污和消毒的环境中，以消灭上批鸡群残留的沙门氏菌。

（4）雏鸡应饲喂颗粒料，以最大限度地减少鸡白痢沙门氏菌、禽伤寒沙门氏菌和其他沙门氏菌经污染原料传入鸡群的可能性。

【治疗】 氨基糖苷类抗生素、氟苯尼考、多种磺胺类药物（如磺胺嘧啶、磺胺对甲氧嘧啶、磺胺二甲嘧啶）、四环素可有效减少死亡。

也可选用我国批准的中兽药制剂。

五、禽霍乱

禽霍乱又称禽巴氏杆菌病、禽出血性败血症，是由多杀性巴氏杆菌引起的一种侵害家禽和野禽的接触性传染病。该疾病常表现为败血型，发病率和死亡率都很高，但也常常表现为慢性型或良性经过。鸡霍乱常发生于产蛋鸡群（常有死亡），因为该年龄鸡只比幼龄鸡易感。16 周龄以下的鸡有较强的抵抗力。多杀性巴氏杆菌在禽群中的传播主要通过病禽口腔、鼻腔和眼结膜的分泌物进行，因为这些分泌物常常污染环境，特别是饲料和饮水。细菌几乎不经蛋传播，经粪便和苍蝇传播的可能性也很小。慢性感染的禽类被认为是感染的主要来源，而慢性带菌状态的持续期只受到感染禽生命周期的限制（终生带菌）。禽霍乱的流行季节主要为夏末、秋季和冬季。除性成熟以后的鸡只更为易感外，这种季节性的流行主要是由于环境因素影响造成的，而非抵抗力的下降。

急性型：常见的症状包括发热、厌食、羽毛粗乱、口腔流出黏液性分泌物、腹泻和呼吸加快。临死前常有发绀现象，尤以头部无毛处最为明显。腹泻时最初呈白色水样粪便，此后为绿色并含有黏液的稀粪。剖检变化主要与血液循环障碍有关，通常表现为全身充血，以腹腔脏器的静脉瘀血最为明显，十二指肠黏膜的小血管特别突出。

慢性型：临床主要表现为局部感染。肉髯、鼻窦、腿或翅关节、足垫和胸骨滑液囊通常出现肿胀。可见渗出性结膜炎和咽炎，有时可见斜颈。呼吸道感染可致气管啰音和呼吸困难。剖检病变多以化脓感染为主，在解剖结构上广泛分布。

【预防】免疫接种是预防该病的重要措施。已批准使用的疫苗包括鸡多杀性巴氏杆菌病-大肠杆菌病二联蜂胶灭活疫苗（A 群 BZ 株+O78 型 YT 株）。

肉鸡：20 日龄免疫 1 次即可。

种鸡：8～10 周龄首免，18～20 周龄再次免疫。

【治疗】可选庆大霉素、恩诺沙星、红霉素、磺胺类药物等治疗。

六、大肠杆菌病

大肠杆菌病是指由致病性大肠杆菌所引起的局部或全身性感染的疾病。所有日龄的禽类都可感染，但幼禽和胚胎最为易感且较为严重。大多数禽类对大肠杆菌易感，临床上以鸡、火鸡和鸭最为常见。

大肠杆菌呈全球性分布。禽类只有发病以后才能检测出典型的大肠杆菌性蜂窝织炎。而作为败血症的后遗症，禽类的骨骼损伤会导致跛行和生长缓慢。当其胸腰段脊柱受损时，会有角弓反张，并以踝关节着地。败血症末期的禽类对刺激无反应，头、颈、翅低垂，双眼紧闭呈弓形站立，也有的以喙支地来撑起头部。皮肤干燥发暗预示着脱水，最常发现于脚和胫部。雏鸡脱水时，沿胫、趾部内外侧的皮褶常会显著变黑。

肉鸡可感染数种局部的或全身性的大肠杆菌，根据病变发生部位和病程变化可将其分类。局部感染：大肠杆菌脐炎/卵黄囊感染、大肠杆菌型蜂窝织炎、肿头综合征、腹泻、生殖道感染、输卵管炎/腹膜炎。全身感染：大肠杆菌性败血症（呼吸道源性、肠道源性、新生期感染、产蛋鸡感染）、大肠杆菌性败血症后遗症（脑膜炎/脑炎、全眼球炎、骨髓炎、脊椎炎、关节炎/多发性关节炎、滑膜炎/腱滑膜炎、胸骨滑囊炎、慢性纤维素性心包炎、输卵管炎）、大肠杆菌性肉芽肿。

【预防】采用氯化饮水及密闭的饮水系统可降低禽大肠杆菌病的发生。保持良好的畜舍通风和干燥的垫料可减少发生大肠杆菌病的机会。使用疫苗接种是预防该病的重要措施，我国目前已批准的疫苗为鸡多杀性巴氏杆菌病、大肠杆菌病二联蜂胶灭活疫苗（A 群 BZ 株+O78 型 YT 株）等。

肉鸡：20 日龄免疫 1 次即可。

种鸡：8～10 周龄首免，18～20 周龄再次免疫。

【治疗】可选庆大霉素、硫酸黏菌素、新霉素、氟苯尼考、恩诺沙星、土霉素、磺胺类药物等治疗。也可选用我国批准的中兽药制剂。

七、坏死性肠炎

由 A 型和 C 型产气荚膜梭菌及其产生的毒素引起的一种主要侵

害雏鸡的疾病。临床症状主要表现为突然发病、高死亡率和小肠黏膜坏死。该病也称为梭菌性肠炎、肠毒血症和内脏腐烂病。饲养在垫料上的肉鸡的发病日龄一般为2～5周龄。粪便、土壤、粉尘、污染的饲料、垫料或肠内容物均含有产气荚膜梭菌。暴发各型坏死性肠炎时，污染的饲料和垫料通常是其传染源。家蝇是机械性传播媒介，笼养产蛋鸡发生坏死性肠炎时，家蝇也有可能是生物传播媒介。产气荚膜梭菌可通过商品孵化器传播到肉鸡场。明显至重症的病鸡表现精神沉郁、食欲下降、不愿走动、羽毛蓬乱、排除黑色或混有血液的粪便。病程短，病鸡无外在症状而常发生急性死亡。小肠质脆，充满气体。肠黏膜覆盖一层黄色或绿色伪膜，有些伪膜结合得较疏松，有的结合得很紧，常描述为“土耳其浴巾”样外观。温和型表现为肠黏膜发生局灶性坏死、肝坏死、生产性能受损，出现临床症状或无临床症状。

【预防】该病尚无批准的疫苗。防治应集中于诱发因素的预防管理：球虫病、饲料因素和垫料卫生情况。

【治疗】暴发坏死性肠炎后用林可霉素、酒石酸泰乐菌素、阿维拉霉素有效。

八、葡萄球菌病

葡萄球菌感染在家禽中很常见，最常见的是金黄色葡萄球菌感染，其他种类的葡萄球菌感染也偶有发生。所有的禽种对葡萄球菌感染敏感。葡萄球菌无处不在，是皮肤和黏膜的正常菌系，并且是家禽孵化、饲养或加工环境中常见的微生物，大多数葡萄球菌被认为是正常菌群。大多数病例发生涉及身体防御屏障的损害，如皮肤损伤或黏膜发炎及局部性感染（如骨髓炎）产生血源性传播，尤其在干骺端关节部位。骨髓炎的大体病变是骨骼有局灶性黄色干酪样渗出区或溶解区，病变部位变脆。关节炎、关节周围炎和滑膜炎较常见。败血性葡萄球菌感染病变为许多内脏器官的坏死，如肝脏、脾、肾、肺，以及血管充血。孵化室的葡萄球菌感染常见，并可引起雏鸡出壳后几天内死亡率升高。患病雏鸡脐部潮湿并迅速恶化。其卵黄囊增大，内容物颜色和黏稠度异常。成年鸡感染后常出现爪垫脓肿“踉跄脚”，导致脚爪极度肿胀和跛行。

【预防】该病尚无批准的疫苗，任何可减少对宿主防御机制损害的管理措施都有助于预防葡萄球菌病。创伤是金黄色葡萄球菌侵入机体的门户，减少创伤有助于预防感染。因此，饲养中要注意消除家禽饲养环境中划破或刺伤脚部的尖锐物质，如木片、锯齿状石块、金属边。保证垫料的质量可以减少脚垫溃疡。特别应该注意孵化室的管理和卫生。

【治疗】有效的治疗药物包括青霉素、阿莫西林、四环素、红霉素和磺胺类药物等。也可选用我国批准的中兽药制剂。

九、曲霉菌病

曲霉菌病是由多种曲霉菌引起的真菌性传染病。主要病原为烟曲霉和黄曲霉，另外还有黑曲霉、土曲雷、灰绿曲霉等。各种品种、不同日龄鸡都易感，幼雏易感性最高。各地均有发生，常见于南方潮湿地区。鸡常通过接触发霉饲料和垫料经呼吸道或消化道感染。幼鸡常呈急性和群发性暴发，成年鸡多为慢性和散发。症见精神沉郁，呼吸困难（有浆液性鼻漏），食欲减退，后期病鸡迅速消瘦。剖检病变主要见于肺和气囊，有大小不一、数量不等的霉菌结节病灶。

【预防】本病重在预防，避免环境霉菌滋生，防止饲料霉变。

【治疗】在给药前先留取鼻咽内容物进行细菌学检查或咽拭血液琼脂培养，分离病原菌后，可按药敏试验结果调整用药。

疾病暴发时，可选用制霉菌素治疗本病，如同时饮用硫酸铜溶液，效果更显著。

第三节　肉鸡寄生虫病

一、球虫病

球虫病是由一种或多种球虫引起的急性流行性寄生虫病。在家禽中常遇到的大多数球虫均属于艾美耳属和隐孢子虫属。所有日龄和品种的鸡对球虫都有易感性，但一般3～6周龄的鸡更易感，而很少见于3周龄以内的鸡群。主要经消化道感染。呈世界性分布。

病鸡精神沉郁，羽毛蓬松，头卷缩，食欲减退，嗉囊内充满液体，鸡冠和可视黏膜贫血、苍白，逐渐消瘦，病鸡常排红色胡萝卜样粪便，若感染柔嫩艾美耳球虫，开始时粪便为咖啡色，以后变为完全的血粪，如不及时采取措施，致死率可达50%以上。若多种球虫混合感染，粪便中带血液，并含有大量脱落的肠黏膜。

剖检变化主要发生在肠道。病变部位和程度与球虫的种别有关。柔嫩艾美耳球虫主要侵害盲肠，两支盲肠显著肿大，可为正常的3～5倍，肠腔中充满凝固的或新鲜的暗红色血液，盲肠上皮变厚，有严重的糜烂。毒害艾美耳球虫损害小肠中段，使肠壁扩张、增厚，有严重的坏死。在裂殖体繁殖的部位，有明显的淡白色斑点，黏膜上有许多小出血点。肠管中有凝固的血液或有胡萝卜色胶冻状的内容物。巨型艾美耳球虫损害小肠中段，可使肠管扩张，肠壁增厚；内容物黏稠，呈淡灰色、淡褐色或淡红色。堆型艾美耳球虫多在上皮表层发育，并且同一发育阶段的虫体常聚集在一起，在被损害的肠段出现大量淡白色斑点。哈氏艾美耳球虫损害小肠前段，肠壁上出现大头针头大小的出血点，黏膜有严重的出血。若多种球虫混合感染，则肠道粗大，肠黏膜上有大量的出血点，肠道中有大量的带有脱落的肠上皮细胞的紫黑色血液。

【预防】通过疫苗接种也是预防控制该病的重要手段，我国已批准用于肉鸡的球虫疫苗有三价、四价球虫活疫苗，在3～7日龄饮水免疫1次即可。

【治疗】对肉鸡来说，使用抗球虫药的目的通常是通过减少疾病而产生最高的生长速度和饲料报酬。治疗常选用磺胺类药物（如磺胺氯吡嗪、磺胺喹噁啉），预防可采用地克珠利、盐霉素、氨丙啉等。配合适量的维生素K和维生素A有利于鸡群的恢复。

二、鸡住白细胞虫病

住白细胞原虫侵害血液和内脏器官的组织细胞。危害鸡群的主要包括考氏住白细胞原虫、沙氏住白细胞原虫和休氏住白细胞原虫。所有日龄的鸡都有易感性，雏鸡相对较易感。

双翅目昆虫（如蚋和蠓）是本病的主要媒介，因此本病多流行于那些适合无脊椎动物宿主生活的地区，在我国南方地区流行，夏季多发。

不同种的住白细胞虫，其致病性和临诊特征各有其特点。

考氏住白细胞原虫病：病初高热，食欲不振，精神沉郁，流涎、下痢，粪呈绿色。同时可见贫血，病鸡鸡冠和肉垂苍白。有些病鸡生长发育迟缓，两肢轻瘫，活动困难，病程约数日，严重者可死亡。严重感染的小鸡可因出血、咯血，呼吸困难而突然死亡，耐过鸡发育受阻。剖检可见胸肌、腿肌、心肌有大小不等的出血点，并有粟粒大小呈灰白色或稍带黄色的小结节分布在胸肌和心肌的浅部和深部肌肉。

沙氏住白细胞原虫病：症状与剖检病变轻微，一般零星死亡。

休氏住白细胞原虫病：雏鸡可见明显无食欲，虚弱，精神倦怠和呼吸困难，有时在24h内死亡。剖检可见脾肿大，肝变性、肿大。

【预防】该病目前尚无有效疫苗。预防主要是驱除环境中的昆虫媒介，如使用驱虫剂喷雾喷洒禽舍。

【治疗】可选用磺胺类药物（如磺胺对甲氧嘧啶）及其复方治疗。

三、鸡绦虫病

鸡绦虫病是由多种绦虫寄生于鸡的十二指肠中引起的，致鸡病的绦虫主要有棘沟赖利绦虫、四角赖利绦虫和有轮赖利绦虫等三种。

所有日龄的鸡都有易感性，雏鸡易感性最强。甲虫和蚂蚁是主要的中间宿主，因而在暖和的季节，中间宿主繁多，绦虫也更常见。

病鸡表现为下痢，粪便中有时混有血样黏液。轻度感染造成雏鸡发育受阻，成鸡产蛋量下降或停止。寄生绦虫量多时，可使肠管堵塞，肠内容物通过受阻，造成肠管破裂和引起腹膜炎。绦虫代谢产物可引起鸡体中毒，出现神经症状。病鸡食欲不振，精神沉郁，贫血，鸡冠和黏膜苍白，极度衰弱，两足常发生瘫痪，不能站立，最后因衰竭而死亡。剖检可以从小肠内发现虫体。肠黏膜增厚，肠道有炎症，并有灰黄色的结节，中央凹陷，其内可找到虫体或黄褐色干酪样栓塞物。

【预防】主要是防止肉鸡与中间宿主接触，如采用集约化室内养殖模式。

【治疗】常用驱虫药有硫双二氯酚、氯硝柳胺、吡喹酮、阿苯达唑等。

四、鸡组织滴虫病

又称盲肠肝炎或黑头病，由组织滴虫属的火鸡组织滴虫寄生于禽类盲肠和肝脏而引起的一种原虫病。

所有日龄的鸡都有易感性，雏鸡易感性最强。鸡异刺线虫和蚯蚓是主要的中间宿主，在鸡中，很少通过直接接触传播。

早期症状可见硫黄色粪便，倦怠，翅下垂，步态僵硬，闭眼，头下垂贴胸或卷入翅下，厌食。头部可能发绀，由于观察到这一症状而称之为“黑头病”。病变在盲肠和肝脏。盲肠壁变厚和充血，从黏膜渗出的浆液性和出血性渗出物充满盲肠腔，使肠壁扩张，渗出物发生干酪化，形成干酪样肠芯。肝脏病变多数呈现圆形下陷的坏死灶，外周边缘隆起，成一环状。

【预防】主要是减少和消除异刺线虫卵，目前没有商品化的疫苗。

【治疗】常用药物包括甲硝唑、地美硝唑。

五、鸡羽虱

鸡羽虱是生活时间较长的鸡和种鸡群的外寄生虫。是咀嚼虱，以干皮肤和羽毛为食物，在宿主体完成生活史。所有日龄的鸡都有易感性。寒冷季节更严重。症状包括红、结痂、皮肤瘙痒和产蛋率下降。

【预防】使用杀虫剂充分喷淋鸡舍。

【治疗】常用杀虫药包括氯氰菊酯、氟氰菊酯、敌百虫等。

六、鸡螨病

鸡螨病是由多种对鸡具有侵袭、寄生性质的螨类引发的，以贫血、骚动不安、食欲不振、消瘦等为主要症状的鸡体外寄生螨病的总称。引起鸡螨病的螨类主要有：鸡皮刺螨、林禽刺螨、鸡新棒螨、突变膝螨、鸡膝螨、寡毛鸡螨、住囊鸡雏螨、各类羽螨等。

性成熟的鸡更易感，日龄大的鸡有明显抵抗力，幼鸡很少寄生大量螨。

螨的所有生活史阶段均在鸡体，但螨离开鸡体可以存活几周并易于沿鸡笼铁丝侵袭其他鸡。啮齿动物和野生鸟类是螨的贮藏宿主，有助于螨扩散到鸡群。

病鸡羽毛因螨卵，皮肤脱落，干的血液和排泄物而呈土污状。最明显的症状是北方羽螨侵袭的鸡泄殖腔部位羽毛呈黑色并有结痂。

【预防】定期检查螨类感染情况，及早治疗与受侵袭鸡接近的禽类，限制螨虫的放射状扩散。

【治疗】常用杀虫药包括溴氰菊酯、敌百虫等。

第四节　其他疾病防治

一、鸡痛风

痛风是由于鸡体内蛋白质代谢紊乱和肾脏受损，引起尿酸在血液中增加的高尿酸血症，以大量尿酸盐在内脏器官或关节腔内沉积为特征。

各地鸡场均有发生，发病无季节性，以群发为主，尤其是笼养肉仔鸡。

引起痛风的原因很多。主要是营养因素，日粮中钙含量过高、核蛋白及嘌呤碱类含量过高是引起鸡痛风的最主要原因。另外，维生素A缺乏、维生素D过量、饲料中钙磷比例失当、应激因素（长途运输，饮水不足）、中毒（磺胺类、氨基糖苷类药物使用过量损伤肾脏）、传染病（传染性支气管炎等引起肾功能不全，尿酸盐排泄障碍）等，也可引起鸡痛风。分内脏型和关节型。

内脏型：最为常见，发病初期无明显症状，随着病情发展，病鸡出现精神、食欲不振，羽毛松乱，呼吸困难，消瘦，贫血，喜饮水，冠髯苍白；粪便水样，含大量白色石灰渣状尿酸盐，污染泄殖腔周围羽毛。剖检，肾脏肿大呈花斑状，输尿管粗细不均，内充满白色石灰渣状尿酸盐，心、肝、脾、肠系膜等表面也覆盖一层白色石灰渣状尿酸盐。

关节型：较少见，时与内脏型混合发生。临床上主要是尿酸盐在腿和翅膀的关节腔内沉积，使关节肿胀疼痛，病鸡常蹲伏或单脚站立，行走困难，跛行，到后期双腿无力，卧地不起。剖检关节内充满白色黏稠液体。

【预防与治疗】本病重在预防，病因首先从日粮查起。

应根据鸡群日龄的营养需要合理配制日粮，不能盲目增加饲料中富含高蛋白的成分，要控制钙的含量，钙磷比例要恰当。防治感染性疾病时应按规定剂量使用抗生素，不可随意加大用药量；对肾脏有损伤的抗生素要慎用，使用磺胺类药物时，应配合使用碳酸氢钠。做好鸡传染性支气管炎、传染性法氏囊病的防控工作，以免继发痛风。

一旦发现鸡群出现痛风，应立即更换饲料或降低饲料中蛋白质的含量，将蛋白质含量控制在15%～20%，钙磷比例控制在3∶1为宜，并增加维生素A、鱼肝油的含量，减少饲料的饲喂量，增加新鲜多汁的青绿饲料；在饲料中添加利于尿酸盐排泄的药物，如在饮水中添加0.5%苏打水、葡萄糖粉、电解多维等，以降低尿酸的形成，对于个别严重的病鸡，可口服补液盐，以促进尿酸盐的排出。可使用肾肿解毒药，调节机体酸碱平衡，减少尿酸生成，增加尿酸的溶解与排出。

我国批准了木通海金沙散、金钱草散等中兽药制剂，可以选择使用。

二、脂肪肝出血综合征

脂肪肝出血综合征是由于机体营养障碍、内分泌失调、脂肪代谢紊乱导致肝脏脂肪变性并伴有出血为特征的一种营养代谢性疾病。

鸡、猪、牛、羊、犬、鱼均可发生，笼养鸡易发生，特别是处于产蛋高峰的笼养蛋鸡，呈散发性。

发病率依鸡的品种（品系）、日粮组成和环境等因素而异，通常为1%～2%，有时高达5～7%甚至15%以上；死亡率低于5%，但有时高达20%以上。

高能低蛋白日粮及采食量过大是本病发生的主要因素。胆碱、含硫氨基酸、B族维生素和维生素E缺乏，饲料霉变，药物中毒，环境应激等因素也可引起本病。

患病鸡大多表现精神、食欲良好，但过于肥胖（体重超出正常20%以上），母鸡群产蛋量减少，有些鸡停止产蛋，个别鸡突然死亡。

剖检病鸡可见肝脏肥大，表现有出血斑点；腹脂增多，肠系膜等处有大量脂肪。肝破裂时，腹腔有大量凝血块。

本病早期诊断困难，可根据临床症状结合饲料及管理情况进行综合判断；死后剖检可根据典型病变确诊。

【预防与治疗】限饲、控制日粮能量、调整饲料配方是防治本病的重要措施。要合理配制鸡饲料，能量水平应保持在推荐标准，各种营养成分既能满足生理需求又不过剩。同时，应按需求补充蛋氨酸及胆碱，多种维生素及微量元素添加剂的各种成分也要符合要求。要改善鸡舍环境，避免应激，注意饲料保管，防止发霉。

发病鸡群在保证日粮全价的前提下可适当调整日粮比例，降低能量饲料，增加蛋白饲料（尤其是动物性蛋白饲料）。对病鸡群可采用在饲料中添加氯化胆碱、维生素E、维生素B_{12}、肌醇等药物治疗。

我国批准了护肝颗粒等中兽药制剂，可以选择使用。

兽药残留与食品安全

第一节 兽药残留产生原因与危害

兽药残留是指食品动物在应用兽药后残存在动物产品的任何食用部分（包括动物的细胞、组织或器官，泌乳动物的乳或产蛋家禽的蛋）中与所有药物有关的物质的残留，包括药物原形或/和其代谢产物。食品中兽药残留问题在国内外影响广泛和颇受关注，与公众的健康息息相关，也直接关系到养殖业的经济利益和可持续发展，影响国家的对外经贸往来和国际形象。兽药残留是动物用药后普遍存在的问题，又是一个特殊的问题。

一、兽药残留的来源

兽药残留主要是指化学药物的残留，生物制品一般不存在残留问题。中兽药在我国已经有几千年的应用历史，一般毒性较低，有的可以药食同源；虽然一些活性成分的主要作用包括药理毒理作用尚不明晰，但因其有效成分含量较低，所以，中兽药的残留问题一般暂不考虑。

对食品动物给予的兽药途径一般包括饲料、饮水、口服、喷雾、注射等方式，兽药残留常常因为用药不规范而导致。此外，环境污染或其他途径进入动物体内的药物或其他化学物质也可能导致残留。

二、兽药残留的主要原因

发生兽药残留的原因较多，但主要是因为不规范使用导致的。常见的原因主要是：①不按照兽医师处方、兽药标签和说明书用药。兽药的适应证、给药途径、使用剂量、疗程都有明确规定，也都在标签说明书上有载明。但有的养殖场（户）没有执业兽医师服务，或者有执业兽医师但不执行处方药制度，或不在执业兽医师监管下用药，或者不按照兽药标签和说明书用药。②不遵守休药期规定。休药期（Withdrawal Period）是指食品动物最后一次使用兽药后到动物可以屠宰或其产品（蛋、奶）可以供人消费的间隔时间。这是兽药制剂产品的一项重要规定，食品动物在使用兽药后，需要有足够的时间让兽药从动物体内尽量排出，最终动物性产品（肉、蛋、奶）中兽药残留量不会超过法定标准。不遵守休药期，动物组织中的兽药残留极易超标。③使用未批准在该食品动物使用的药物。未经批准的药物，一般都没有明确的用法、用量、疗程和休药期等规定，使用后难以避免残留超标。④饲料中添加药物且不标明。有的饲料中可能已经添加了药物，但却不在标签中标明药物品种和浓度，养殖者在不知情时重复用药，造成残留超标。⑤非法使用国家禁止使用的物质。如使用违禁物质克仑特罗作为促生长剂，运输动物时使用镇静药物防止动物斗殴等。这些也是目前造成动物性食品中有害物质残留的原因，属国家严厉打击的对象。

三、兽药残留的危害

兽药残留对人类健康和公共卫生的危害主要有如下几方面：①一般毒性作用。一些兽药或添加剂都有一定的毒性作用，如氨基糖苷类抗生素有较强的肾毒性和耳毒性等。人若长期摄入含有该类药物残留的动物性食品，随着药物在体内的蓄积，可能产生急性或（和）慢性毒性作用。②特殊毒性作用。一般指致畸作用、致突变作用、致癌作用和生殖毒性作用等。农业部撤销的兽药中如硝基咪唑类、喹乙醇、卡巴氧、砷制剂等有致癌作用；苯并咪唑类、氯羟吡啶等有致畸和致突变作用。特殊毒性作用对人体健康危害极大。③过敏反应。如青霉素等在牛奶中的残留可引起人体过敏反应，严重者可出现过敏性休克并危及生命。④激素样作用。使用雌激素、同化激素等作为动物的促生长剂，其残留物除有致癌作用外，还能对人类产生其他有害作用，超量残留可能干扰人的内分泌功能，破坏人体正常激素平衡，甚至致畸、引起儿童性早熟等。⑤对人类胃肠道菌群的影响。含有抗菌药物残留的动物性食品可能对人类胃肠道的正常菌群产生不良的影响，致使平衡被破坏，病原菌大量繁殖，损害人体健康。另外，胃肠道菌群在残留抗菌药的选择压力下可能产生耐药性，使胃肠道成为细菌耐药基因的重要贮藏库。

第二节　兽药残留的控制

兽药残留是现代养殖业中普遍存在的问题，但是残留的发生并非不可控制与避免。实际上，只要在养殖生产中严格按照标签说明书规定的用法与用量使用，不随意加大剂量，不随意延长用药时间，不使用未批准的药物等，兽药残留的超标是可以避免的。然而，就目前我国养殖条件下，要完全避免兽药残留的发生还难以做到，把兽药残留降低到最低限度也需要下很大力气。保证动物性产品的食品安全，是一项长期而艰巨的任务，关系到各方面的工作。

一、规范兽药使用

在养殖规范使用兽药方面，需要注意以下主要问题：

（1）严格禁用违禁物质。为了保证动物件食品的安全，我国兽医行政管理部门制定发布了《食品动物禁用的兽药及其他化合物清单》，兽医师和食品动物饲养场均应严格执行这些规定。出口企业，还应当熟知进口国对食品动物禁用药物的规定，并遵照执行。

（2）严格执行处方药管理制度。所谓兽用处方药，是指凭兽医师开写处方方可购买和使用的兽药。处方药管理的一个最基本的原则就是兽药要凭兽医的处方方可购买和使用。因此，未经兽医开具处方，任何人不得销售、购买和使用处方药。通过兽医开具处方后购买和使用兽药，可防止滥用兽药尤其抗菌药，避免或减少动物产品中发生兽药残留等问题。

（3）严格依病用药。就是要在动物发生疾病并诊断准确的前提下才使用药物。目前我国养殖业与过去相比，在养殖规模、养殖条件、管理水平、人员素质方面都有很大的进步。但是规模小、条件差、管理落后的小型养殖场户仍然占较大的比例。这些养殖场依靠使用药物来维持动物的健康，存在过度用药，滥用药物严重问题，发生兽药残留的风险极大，也带来较大的药物费用，应当摒弃这种思维和做法。

（4）严格用药记录制度。要避免兽药残留必须从源头抓起，严格执行兽药使用的记录制度。兽医及养殖人员必须对使用的兽药品种、剂型、剂量、给药途径、疗程或给药时间等进行登记，以备检查与溯源。

二、防止兽药残留

兽药残留是动物用药后普遍存在的问题，要想避免动物性产品中发生兽药残留，需要注意以下几个方面：

（1）加强对饲料加药的管控。现代养殖业的动物养殖数量都比较大，因此用药途径多为群体给药，饲料和饮水给药是最为方便、简捷、实用、有效的方法。然而，通过饲料添加方式给药的兽药品种需要经过政府主管部门的审批，饲料厂和养殖场都不得私自在饲料中添加未经批准的兽药。再就是饲料生产厂生产的商品饲料多不标明添加的药物，因而可能导致养殖场的重复用药，从而带来兽药残留超标的风险。

（2）加强对非法添加的检测。目前兽药行业仍然存在良莠不齐、同质化严重的现象，兽药产品在销售竞争中仍然以价格低而取胜，因此兽药产品中处方外添加药物的现象仍然较为多见。此外，一些兽药企业非法生产未经批准的复方产品也属于非法添加产品。这些产品因为没有经过临床疗效、残留消除试验获得正式批准，所以其休药期是不确定的，增加了发生残留的风险。

（3）严格执行休药期规定。兽药残留产生的主要原因是没有遵守休药期规定，因此严格执行休药期规定是减少兽药残留发生的关键措施。药物的休药期受剂型、剂量和给药途径的影响，此外，联合用药由于药动学的相互作用会影响药物在体内的消除时间，兽医师和其他用药者对此要有足够的认识，必要时要适当延长休药期，以保证动物性食品的安全。

（4）杜绝不合理用药。不合理用药的情形包括不按标签说明书规定用药、盲目超剂量、超疗程用药等，这种用药极易导致兽药残留超标的发生。因为动物代谢药物的能力受限，加大剂量可能会延长药物在动物体内的消除时间，出现残留超标。

三、实施残留监控

为保障动物性食品安全，农业部 1999 年启动动物及动物性产品兽药残留监控计划，自 2004 年起建立了残留超标样品追溯制度，建立了 4 个国家兽药残留基准实验室。至今，我国残留监控计划逐步完善，检测能力和检测水平不断提高，残留监控工作取得长足进步。实践证明，全面实施残留监控计划是提高我国动物性食品质量，保证消费者安全的重要手段和有效措施。

做好我国的兽药残留监控工作，一是要强化兽药使用监管，严格执行处方药制度，执业兽医师要正确使用兽药。二是要加强兽药残留检测实验室的能力建设，完善实验室质量保证体系。三是要以风险分析结果为依据，准确掌握兽药使用动态和残留趋势，确定合理的抽检范围和数量，科学制定残留监控年度计划。四是要系统开展残留标准制定和修订工作，为残留监控提供有力的技术支撑。

政府发布的动物性产品中允许的最高残留限量标准是一个法定的标准，这个量是不允许超过的。科学上来讲，这个最高残留限量标准是经过对兽药测定其无观察到副作用的剂量（No Observed Effect Level，NOEL），依此评价推断出每日允许摄入量（Acceptable Daily Intake，ADI），再根据每人每日消费的食物系数，计算出动物性产品中最高残留限量（Maximum Residue Limits，MRL）。每日允许摄入量是指人一生每天都摄入后也不产生任何危害的量，它才是科学评判兽药残留是否危害健康的量。

四、肉鸡生产中兽药残留的控制

肉鸡生产中至关重要的就是避免药物残留，以保证人类不会暴露于药物残留。当商品化养殖的肉鸡开始表现出临床症状时，肉鸡应该进行临床检查（宰杀前和宰杀后）。如可能，应该通过细菌培养对临床诊断进行确认，同时测定病原分离株对所选抗菌药物的敏感性。在细菌培养和敏感性试验结果出来之前，往往需要经验性治疗来降低疾病在养殖场的快速传播。当获得试验结果后，执业兽医必须根据临床诊断决定是否继续或改变治疗措施。另外，在首次发现症状时，一个鸡群中的肉鸡往往处于疾病发展的三个阶段：临床发病、无外在症状的潜伏期以及敏感的未感染期。因此，整个鸡群应该接受治疗，而不是只针对临床发病的鸡只。在确保良好饲养规范和动物福利情况下，这种预期疾病会传播而采用全群给药的策略性治疗是必需的。最后，负责任的治疗还应为抗菌药物留出充足的休药期，以便药物从肉中消除供人类安全消费。

国内饲养环境和兽药生产流通环境的复杂性，为肉鸡产品中兽药残留的控制带来难度，宰前饲养过程是否健康无病和常规使用的兽药制剂是否真正遵守了休药期，这些因素直接影响到宰后的产品质量与安全，由于鸡肉的生产过程特殊于其他动物食品，所以，发达国家都把动物饲养过程作为药物残留控制工作的第一环节，药物残留控制的关键点在于与药物残留发生有密切相关性的饲养过程的控制，这是药物残留发生的源头。肉鸡生产企业需要把危害分析和关键控制点(Hazard Analysis Critical Control Point，HACCP）认证从加工厂延伸到农场，将预防和控制的重点前移，把对产品的终端检验转化为控制饲养过程中的潜在药物残留危害。集约化肉鸡生产企业的药物残留监控技术，内容包括现场管控技术和现场监测技术，以及把二者结合一体的抽样和监控计划。

在药物残留现场管控技术方面，应采用HACCP的原理，制定肉鸡生产过程中危害分析表（表4-1）和HACCP管理计划（表4-2)，制定肉鸡生产的标准操作规范（表4-3）和标准卫生操作规范，对药物使用和饲养过程开展风险评估和危害分析，在分析基础上形成药物残留现场管控技术，在生产实践中发挥药物残留危害预先控制的作用。

在现场监测技术方面，应采用商品化ELISA检测试剂盒和胶体金检测卡，对采集的样品进行快速筛选，如有疑似阳性样品，可采用仪器确证方法进一步进行分析。

总之，改善饲养观念和提高饲养管理技术，创造良好饲养环境，提高肉鸡的机体抵抗能力，减少疾病的发生，减少用药机会或只使用无残留或低残留的药物，才能有效地使肉鸡产品中兽药残留量降到最低或无残留。

鸡产品中兽药残留引起人们对过敏反应和致癌性等安全问题的关注。肉类的普通烹饪程序，甚至是“全熟”的烹饪，也不能使残留的药物失活。对罐装食品进行更剧烈的加热或者延长温湿加热的烹饪时间能使更多的热敏感化合物失活，如青霉素和四环素，但是在大部分情况下我们并不了解降解产物的性质。由于暴露量太低和持续时间短，兽药残留通常不会引起人体产生过敏反应，然而对于高敏人群则例外。β-内酰胺类、链霉素（以及其他的氨基糖苷类药物）、磺胺类药物，及更小程度上的新生霉素和四环素，都是已知的可引起敏感人群过敏反应的药物；但目前人类通过摄取残留有药物的动物源食品引起急性过敏反应的报告很罕见。

鸡产品中药物残留对人类造成的其他潜在的不良反应还包括致癌性和骨髓抑制。尽管没有证据表明消费含有药物残留的肉鸡产品会影响人类健康，但是很多国家因为担忧而禁止许多种药物作为兽药使用。再生障碍性贫血（非剂量依赖性）可能会因为人暴露氯霉素而发生。由于硝基咪唑类（如甲硝唑），硝基呋喃类（如呋喃西林）和卡巴氧等药物有潜在的致癌性，所以禁用于肉鸡养殖。

肉鸡养殖产业具有高效率低成本的优势，目前已经成为农牧业领域中产业化程度最高的行业。我国作为一个发展中国家，从事家禽养殖多数是农民，受资金、观念、技术、设备等方面因素的影响，肉鸡生产经营模式主要是“公司-农户”，公司与农户是买卖关系，属于松散型合作，因此在产品质量安全方面存在一些问题。在“公司-农户”生产模式中，公司出于利益最大化的需求，追求肉鸡成本最低化，散养农户具有土地资源和饲养成本低的优势而成为公司的主要合作伙伴，这种散养户缺少整体规划的无序饲养分布和缺乏合理设计的简易开放式鸡舍，地理屏障保护作用差，饲养密度大，区域性的生态平衡失调，特别是在疫病流行的恶劣季节，大群体的易感个体完全暴露在传染病病原的侵袭之下，这些疫病危险只能依靠药物来维持健康和预防疫病。此外，在“公司＋农户”的生产模式下，虽然公司在引进推广国外饲养管理和疫病防治先进技术方面有技术实力和信息来源方面的优势，但国内散养的中小农户传统的经验性饲养方法与观念很难转变，与先进生产技术存在很大差异，尤其是在药品使用和兽药残留控制方面缺乏主观意识，农户饲养水平的参差不齐，许多公司为规避饲养纠纷而采取松散的技术管理方式，农户各自为政，经常出现因疫病诊疗失误等原因而影响饲养效果的情况，一旦发生疫病后就盲目用药、不遵守休药期规定，这些做法促使产品的兽药残留风险进一步增加。

（一）肉鸡生产中兽药的使用目的和应用途径

在肉鸡生产中应用的兽药可以分为三类：治疗、预防和促生长。治疗用兽药主要用于治疗或治愈临床上可诊断的疾病。由于病鸡可能无法进食，治疗用药物通常通过饮水给药。然而，在某些环境或疾病状况下，可能需要通过拌料给药，或拌料和饮水同时给药。预防用兽药主要用于预防疾病。预防用兽药主要在鸡群出现临床症状之前给药，给药途径根据治疗时程和月龄而定。在肉鸡生产中，群体健康可以追溯到孵化场。在孵化场里，来自不同种群的蛋混合在一起，每个鸡蛋的疾病和微生物状态可能影响到其他同时孵化的鸡雏。当确认微生物污染升高与来自特定饲养场的鸡蛋有关时，可以通过蛋内或皮下（一日龄雏鸡）注射抗菌药，直到污染源消除。预防用兽药的其他给药途径还包括内服、饮水或混饲。最后一类是促生长用抗菌药物，其应用争议最大。在过去和现在，促生长用抗菌药物都只通过混饲给药。由于具有明显的促生长作用，如提高饲料利用率及生长率，很多抗菌药物首先被批准用于肉鸡。促生长带来的经济效益远大于药物成本。然而，抗菌药用于肉鸡促生长可能导致细菌耐药性问题以及对人类健康的危害受到越来越多的关注，因此，许多地区都已经立法强制或自愿地停止了抗菌药物用于肉鸡促生长。与此同时，很多抗菌药物的促生长作用被认为是通过控制和预防亚临床的肠道疾病而实现的。在有些情况下，这类抗菌药物还可能是已批准的临床治疗用药物。然而，促生长剂量一般低于治疗剂量。

对于肉鸡用的抗菌药物，治疗、预防和促生长之间的界限并不明显。肉鸡执业兽医面临的问题是如何根据群体做出治疗决定，个体治疗往往是不可能或不现实的。由于不是所有的肉鸡都出现临床症状，抗菌药物的使用对一部分肉鸡属于治疗，而对另一部分则是预防。更为复杂的问题是，促生长用抗菌药物主要作用是杀灭或抑制致病原（如细菌或球虫）的生长。这些产品对预防产气荚膜梭菌过度繁殖引起的坏死性肠炎特别有效。尽管对与使用抗菌药物有关的促生长作用真实作用模式还存在争议，但其毫无疑问是疾病预防的“不良反应”。

（二）肉鸡生产中兽药应用的影响因素

1. 饲养和经济成本

在当前肉鸡养殖的饲养环境下，对患病肉鸡进行隔离和治疗并不可行。由于单只肉鸡的经济价值低，进行单独治疗的成本相对过高，这会减少如氨基糖苷类和头孢菌素类药物的肠道外给药的机会。此外，单独隔离治疗对肉鸡的应激反应反而导致疾病的快速恶化。由于患病肉鸡可以继续饮水，通常按兽药标签饮水给予治疗性抗菌药物。肉鸡感染细菌后病程一般发展较快，通常从开始感染到死亡经历时间较短，必须在肉鸡发病早期采用药物治疗。此外，肉鸡较易发生炎症反应且很难自我清除，临床患病症状也较隐蔽，治疗所有接触或高暴露风险的肉鸡群体是控制疾病大规模暴发的唯一方式。因此，决定对患病群体进行治疗也就意味着兽医不只是给病鸡使用药物，还会对所有已经或即将暴露于致病原的肉鸡用药。在做出以上“治疗鸡群”的决定时，执业兽医必须根据临床诊断决定是针对整个养殖场还是只对出现临床症状的肉鸡进行治疗。疾病的快速扩散可能有必要对整个养殖场采取预防性治疗。

2. 肉鸡生产类型

肉鸡养殖无论是否集约化，均可分为自繁自养的连续生产方式和分场饲养的模式。例如，在商业化肉鸡的生产链上，家禽的父母代在孵化场孵化、饲养并产蛋。从该群生产的鸡蛋会返回孵化场孵化为肉鸡，饲养至成鸡后宰杀产肉。在这种连续生产的每个阶段，疾病预防至关重要，否则就会对生产下游产生严重的不良后果。由于从孵化到宰杀时间较短，肉鸡群的疾病面临治疗后药物休药期的挑战。当鸡群达到上市日龄时，应减少应用兽药治疗各种疾病，因为宰杀后可能造成药物残留超标，或可推迟宰杀，然而这会导致出现其他问题，如继续养殖造成鸡舍空间不足等。另外，推迟宰杀可能导致家禽体重过大。

3. 饲料及饮水消耗

当通过饮水或混饲给药时，兽医必须考虑到光照程序和饲养规程，因为这会严重影响饲料和水的消耗量。在持续光照条件下，肉鸡一般间隔3～4h采食和饮水1次。在限制采食的情况下，后备种鸡大部分饮水发生在饲喂后的几个小时内。群体治疗是首选方法，饮水和饲料是给予兽药的主要手段。当鸡只发病后，水和饲料的消耗量明显减少。饮水量的下降通常低于采食量。因此，在发病初期，给予兽药的最佳途径通常是通过饮水。持续治疗5～7天后，如果有合适的批准过的饲料级产品，兽医可能会选择将兽药添加到饲料中。这种转变的前提是鸡群状况开始好转且采食量增加。由于肉鸡降低体温的方式有限，选用合适的兽药时需要考虑环境温度。大多数情况下，通过饮水降低体温，因此，当环境温度升高时，饮水量显著增加。以上情况会影响药物剂量的计算，可能导致饮水给药时的药物过量。

(三) 肉鸡生产中兽药的应用

肉鸡养殖为人类提供了价格可接受的肉类，因此，良好的专业判断、实验室结果、医学知识和所治疗鸡群的信息是鸡用兽药负责任使用的基础。肉鸡给药时药物应稳定，且易均匀分散于饲料或饮水中。当从饲料预混使用兽药时，应该考虑预混料的生产、运输以及饲喂系统的传输等程序所需的时间。

饮水给药治疗更为快速。首先，必须考虑所治疗禽舍内 24h 的水消耗量。应该每天新鲜配制含药饮用水。饮水给药通常使用一个大水箱或水调节器。在一个容积 500～2 000L 的水箱中，加入一箱水所对应的总药量。很明显，肉鸡给予兽药时，往往仅根据饮水中活性药物的浓度，而忽视了鸡的生理学、病原学和饲养条件等因素，可能导致给药剂量不准确。最准确的方法是根据鸡舍中所有肉鸡的总体重计算给药剂量，然后考虑每个给药间隔中肉鸡对饮水和饲料的消耗量。以饮水消耗量为基础计算给药剂量，环境温度升高时，可能会导致药物过量而中毒，而环境温度降低时，药物摄入量可能不足。另外，雏鸡单位体重的水消耗量大于成年鸡。以相同的药物浓度给药，可导致雏鸡药物过量，而成年鸡剂量不够。

在肉鸡饮水消耗量有限的情况下，应用特定兽药的脉冲剂量，进行短期强化治疗。这种脉冲给药只能用于安全范围较广的兽药。脉冲疗法需要把将在 24h 内要给予的治疗用药全部混合在肉鸡将要在例如 6h 内消耗的饮水中。

肉鸡生产中至关重要的就是避免药物残留，以保证人类不会暴露于药物残留。当商品化养殖的肉鸡开始表现出临床症状时，肉鸡应该进行临床检查（宰杀前和宰杀后）。如可能，应该通过细菌培养对临床诊断进行确认，同时测定病原分离株对所选抗菌药物的敏感性。在细菌培养和敏感性试验结果出来之前，往往需要经验性治疗来降低疾病在养殖场的快速传播。当获得试验结果后，执业兽医必须根据临床诊断决定是否继续或改变治疗措施。另外，在首次发现症状时，一个鸡群中的肉鸡往往处于疾病发展的三个阶段：临床发病、无外在症状的潜伏期以及敏感的未感染期。因此，整个鸡群应该接受治疗，而不是只针对临床发病的鸡只。在确保良好饲养规范和动物福利情况下，这种预期疾病会传播而采用全群给药的策略性治疗是必需的。最后，负责任的治疗还应为抗菌药物留出充足的休药期，以便药物从肉中消除供人类安全消费。

（四）肉鸡生产中的残留避免

国内饲养环境和兽药生产流通环境的复杂性，为肉鸡产品中兽药残留的控制带来难度，宰前饲养过程是否健康无病和常规使用的兽药制剂是否真正遵守了休药期，这些因素直接影响到宰后的产品质量与安全，由于鸡肉的生产过程特殊于其他动物食品，所以，发达国家都把动物饲养过程作为药物残留控制工作的第一环节，药物残留控制的关键点在于与药物残留发生有密切相关性的饲养过程的控制，这是药物残留发生的源头。肉鸡生产企业需要把危害分析和关键控制点（HACCP）认证从加工厂延伸到农场，将预防和控制的重点前移，把对产品的终端检验转化为控制饲养过程中的潜在药物残留危害。集约化肉鸡生产企业的药物残留监控技术，内容包括现场管控技术和现场监测技术，以及把二者结合一体的抽样和监控计划。

在药物残留现场管控技术方面，应采用HACCP的原理，制定肉鸡生产过程中危害分析表（表4－1）和HACCP管理计划（表4－2），制定肉鸡生产的标准操作规范（表4－3）和标准卫生操作规范，对药物使用和饲养过程开展风险评估和危害分析，在分析基础上形成药物残留现场管控技术，在生产实践中发挥药物残留危害预先控制的作用。

在现场监测技术方面，应采用商品化 ELISA 检测试剂盒和胶体金检测卡，对采集的样品进行快速筛选，如有疑似阳性样品，可采用仪器确证方法进一步进行分析。

总之，改善饲养观念和提高饲养管理技术，创造良好饲养环境，提高肉鸡的机体抵抗能力，减少疾病的发生，减少用药机会或只使用无残留或低残留的药物，才能有效地使肉鸡产品中兽药残留量降到最低或无残留。

表 4-1　肉鸡养殖过程危害分析表

生产过程	药残潜在危害描述	发生原因	控制措施	相关记录	CCP
种鸡	种鸡污染垂直传染病，影响雏鸡质量，增加用药	种鸡净化问题	定期检测抗体效价和饲养环境	种鸡稽核报告	
孵化	孵化环境污染影响雏鸡质量	孵化卫生差	制定 SSOP 操作程序，定期检测	孵化稽核报告	
饲料提供	使用含违禁饲料添加剂饲料或饲料加工过程交叉污染	饲料添加剂未经违禁成分检测，农户用外来饲料	公司统一提供饲料，规定用料量，合同饲料每月检测一次	公司领料单	
疫苗药品提供	使用含违禁成分药品	药品未经违禁成分检测，农户使用外来药品	统一提供药品，规定药费标准，药品统一招标，每季度检测一次	公司领药单 兽医处方笺	CCP1
合同户选择	缺乏诚信度，外购含有违禁成分的药品和饲料	合同户选择不当	考察合同户诚信度，定期现场检查	饲养合同	CP1
	疫病污染区饲养过程多病，导致频繁用药	疫病流行季节位于污染区域	农场来自非疫区		
雏鸡入舍	私自购买外来药品	听信社会药商宣传	公司业务员入舍当天跟雏到舍检查用药情况	入雏凭证 饲养记录	CP2
	外购雏鸡	当地雏鸡价格低于公司合同雏价格	合理确定合同雏价格		

（续）

生产过程	药残潜在危害描述	发生原因	控制措施	相关记录	CCP
1周龄	饲养管理不当发病，使用外来药品	缺乏饲养技术，饲养条件差	进鸡前做好技术培训，发病及时到现场指导治疗	饲养记录	
2周龄	饲养管理不当发病，使用外来药品	缺乏饲养技术，饲养条件差	经常开展技术培训，发病及时到现场指导治疗	饲养记录	
3～4周龄	饲养管理不当发病，使用外来药品	听信社会药商宣传发病严重	经常开展技术培训，发病及时到现场指导治疗，可疑药品及时检测	饲养记录 诊疗记录	CP3
5周龄至出栏前4d	不按照要求停止抗生素的使用	害怕发病，不停止用药	做好宣传，及时技术指导，宣传使用有机酸等无残留添加剂	饲养记录 诊疗记录	CP4
	不更换空白饲料	有外加雏鸡使用外来饲料，错误认为外来饲料有效	及时检查舍内有无外来饲料和药品，发现立即制止		
出栏前4d	突然发病，紧急使用外来药品和违禁药品	突然发病无有效治疗措施	及时到现场，发现问题立即指导用药，检查有无外来药品	饲养记录 安全评估表	CCP2
	从外边购入来源不明毛鸡	本群发病交鸡数量不足，社会毛鸡价格低于公司回收价格	前期有发病史要注意后期添加外来鸡，社会毛鸡便宜，要限制交鸡成活率≤97%，鸡群均匀度≥75%		

（续）

生产过程	药残潜在危害描述	发生原因	控制措施	相关记录	CCP
出栏前4d	使用外来饲料	有外加雏鸡，错误认为外来饲料有效	及时检查舍内有无外来饲料，发现立即制止	饲养记录 安全评估表	CCP2
	安全评估不准确	评估与交鸡间隔时间过长，评估不认真	宰前4d做评估，评估要参考前期管理，交鸡前1d到现场，发现突然发病日死亡率超过2%，取消出栏		
宰前采样检测	宰前采样有误差 检测误差	采样为腐败鸡或只采1栋鸡舍 检测操作失误	按照0.1%比例采样，必须采嗉囊有饲料的当日猝死鸡样品，多栋鸡舍每栋都要采样 化验员每季度做盲样测试，检测结果MS复检	采样记录 检测记录	CCP3

表 4-2 肉鸡生产过程 HACCP 计划表

CCP	控制措施临界值	监控				纠偏措施	记录核实
		目标	方法	频率	人员		
CCP1 药品招标统一发放，做好质量监督	制定合同鸡药费使用标准	药费 0.8 元/只以下	交鸡前核实药费	每批	放养结算员	发现使用公司药品出现药残阳性户，做好调查，确认无外来药品后对库存招标药品检测	现场用药记录 兽医处方笺 药品检测报告
	招标药品无违禁成分，每季度检测一次	无违禁成分	检测	每季度	检测中心		
CCP2 出栏前 4d	管控记录真实，鸡群健康无病鸡，舍内无外来药品和饲料	鸡群健康，鸡舍内无外来药品	现场检查鸡群和鸡舍	出栏前 4d，出栏前 1d	责任业代	出现药残阳性及时查找原因，杜绝失误漏洞	安全评估表
CCP3 宰前采样检测	样品必须来自本鸡群具有代表性检测结果，MS 确认化验员盲样测试合格	屠宰前后检测结果对比无误	检测数据对比	每户	采样人员 检测人员	屠宰前后检测结果不符，要立即查找原因，追溯失误	采样报告 检测报告

（续）

CCP	控制措施临界值	监控				纠偏措施	记录核实
		目标	方法	频率	人员		
CCP4 毛鸡验收	各项交鸡资质齐全正确	资质与实际符合	交鸡前专人核查验收记录	每户	宰前检疫员	资质不符、不真实，按照不合格鸡处理	饲养手册 药品领用单 饲料领用单 入雏凭证 交鸡通知单 毛鸡准宰单 屠宰计划 产地检疫证明
CCP5 挂鸡批次间隔	合格鸡源每户间隔 20min；不合格鸡源间隔 40min	准确区分合格与不合格鸡源	每户之间挂牌间隔20min；不合格户午休后屠宰或间隔40min	每户	宰前检疫人员、生产挂鸡人员	合格鸡源出现药残阳性，要检查屠宰计划\批次管理监督记录，查找问题	屠宰计划 批次管理 监督记录
CCP6 宰后采样和检测	合格户采样准确，客户确认，检测结果 24h 内报告	采样准确，检测及时准确	采样客户确认登记；样品随到随检	每户	采样员 检测人员	检测结果确认率降低，要查找检测操作是否正确，纠正操作错误	采样登记表 检测报告 确认检测报告

（续）

CCP	控制措施临界值	监控				纠偏措施	记录核实
		目标	方法	频率	人员		
CCP7 仓储批次管理	合格与不合格产品有专用货位码放，有批次管理库存记录	按批次存储	不合格产品单独存放	每批	仓储人员	品管人员定期检查，出库检验批次编号	库存记录 出库记录

表 4-3　肉鸡生产良好操作规范（GVP）

日龄	项目	作业内容	基本要求
1	开饮　开食 光照　消毒 称重	1. 进雏前 2h 饮水器装入适量温开水摆放好，喂雏鸡料，料袋或开食盘撒上饲料 2. 1～2 日龄温度：冬季 32～33℃、夏季 31～32℃，以后每 3 天降 1℃。湿度65%～70% 3. 第 1～3d 24h 光照，照度 20lx 4. 随机称量几盒雏鸡求出平均单只体重并记录 5. 育雏期每两天一次带鸡消毒	1. 20℃左右的温开水中加入 2%的葡萄糖 2. 密度每平方米 60 只，水杯 60 只鸡 1 个，料袋或开食盘每 60 只鸡 1 个 3. 1 日龄孵化场 ND+IB 弱毒疫苗喷雾免疫，同时注射 ND 高浓缩油苗；1～3d 使用电解多维
2	常规工作 昼夜检查	常规管理：喂料、换消毒液、记录、清粪、观察鸡群、调整温、湿度、卫生管理	洗刷饮水器后放入 20℃左右的温开水
3	常规管理 带鸡消毒	1. 消毒 2. 撤走 1/3 开食盘，添加 1/3 成鸡料桶	随时清理料盘中粪便等污物，注意清洗饮水器
4	常规管理	1. 23h 光照，照度 5lx 2. 以 0.5 米/秒风速通风	1. 喂料时要少给、勤添 2. 谨防一氧化碳中毒
5～6	调整饲喂设备及光照	常规管理同上	1. 5～7 日龄舍温至 30～32℃ 2. 加强通风换气
7	常规管理换料称重放大育雏	1. 常规管理同上 2. 晚上 7：00 称重，周龄体重：140～220g	适当增加料桶、饮水器，抽样 2%称 5～8 个点，随机取样称重
8	常规管理	扩群，注意预防肠道病	扩群前注意升温；密度每平方米 30 只；使用抗菌药预防消化道疾病，连续给药 3d
9	调整设施	撤走开食盘，使用料桶	35 只鸡提供一个料桶，饮水器调整适当高度
10	免疫接种	1. 调整料桶高度，饮电解多维 2. 饮水免疫新支二联弱毒疫苗	料桶底盘边缘与鸡背同高

（续）

日龄	项目	作业内容	基本要求
11～13	常规管理	1. 饮电解多维 2. 日常管理同上	注意通风量
14	换料 IBD免疫接种	1. 饮水免疫法氏囊病弱毒疫苗，方法见卫生操作规范 2. 扩群	密度每平方米15只
15～20	常规管理	1. 常规工作同上 2. 本周内舍温逐步降至24～26℃ 3. 消毒 4. 密切关注呼吸道病	1. 注意鸡群情况 2. 合理选用大环内酯类药物
21	常规管理 免疫接种	饮水免疫新城疫弱毒疫苗，方法见卫生操作规范	
22	常规管理 带鸡消毒	1. 管理同上 2. 调整料桶、饮水器的高度 3. 密切关注大肠杆菌病	1. 今起舍温逐步降至24～26℃，湿度控制在55%～60% 2. 合理选用氨基糖苷类药物
23～25	常规管理 带鸡消毒	1. 管理同上 2. 消毒同16日龄 3. 调整料桶、饮水器的高度	注意通风量，注意鸡群情况
26	常规管理	1. 今起舍温逐步降至22～24℃，最低不可少于21℃ 2. 密切关注可能的病毒病感染	1. 注意通风量 2. 注意鸡只反应 3. 合理选用免疫增强剂
27～35	常规管理 换料称重 带鸡消毒	1. 管理同上 2. 28日龄称重，30日龄带鸡消毒，35日龄称重 3. 用3d时间完成换料 4. 合理选用抗菌药物，并密切注意休药期	1. 注意通风，夏季温度过高，要辅以风扇设施，冬季在保温的同时，谨防腹水症的发生 2. 每天换1/3料，要混匀，自今天起至29日龄，逐步换料，注意鸡群反应 3. 合理选用有机酸类物质

（续）

日龄	项目	作业内容	基本要求
36～38	常规管理 带鸡消毒	1. 管理同上 2. 36 日龄带鸡消毒 3. 禁止使用任何药物 4. 接受药残检测	注意通风量，注意鸡群情况
39～42	常规管理 称重	1. 用 2d 时间完成换料 2. 最后一次带鸡消毒，方法同上次	注意通风量
43～44	常规管理	管理同上	1. 不要造成饲料浪费 2. 注意鸡群情况
45～50	出栏准备	1. 出鸡时间确定后，提前 10h 断食，悬挂或拿走料桶 2. 捉鸡前 3h 把饮水器拿走 3. 捉鸡 4. 记录清点鸡数，完整填写记录表	1. 送鸡时，养鸡户要持饲养手册、料票、合同、检疫证、入雏凭证、交鸡通知单 2. 注意正确抓鸡姿势，防止捉鸡损伤，影响鸡肉品质

抗菌药物耐药性控制

自青霉素被发现以来，抗菌药物已经成为减少人和动物感染性疾病发病率和死亡率不可缺少的药物。抗菌药物引入兽医后，显著地提高了动物的健康和生产力。但是，随着细菌耐药性在许多病原菌的出现、传播和持久存在，使抗菌药物的疗效降低，这已成为一个普遍的医学难题，严重威胁到医学临床和兽医临床对感染性疾病的治疗。细菌对抗菌药物耐药性的出现并不意外，青霉素发明者 Alexander Fleming 在 1945 年获诺贝尔奖的演讲中就警告过不要滥用青霉素。

目前应用于医学和兽医临床的所有抗生素的耐药机制都有报道。由耐药菌导致的感染会比敏感菌导致的感染更加频繁地引起高发病率和高死亡率。耐药菌的存在导致治疗时间延长，治疗费用增加，特殊情况下会导致感染无法治愈。尽管在过去不断有新型或者老药的改进型药物被研发出来，但耐药机制的系统出现增加了新药的研发难度，增加了研发费用和时间。所以，做好对现有抗菌药物的可持续管理以及新抗菌药物的研发，对保护人类和动物抵御传染性病原微生物感染非常重要。

第一节　细菌耐药性产生原因及危害

一、耐药机制与耐药类型

已经发现和确定的耐药机制，主要分为四类：①通过减少药物渗透到细菌内而阻止抗菌药物到达作用靶点；②药物被特异或普通的外排泵驱出细胞外；③药物在细胞外或进入细胞后，被降解或者通过修饰作用改变药物结构，使其失去活性；④抗菌药物的作用位点被改变或者被其他小分子所保护，从而阻止抗菌药物与作用靶点的结合，抗菌药物因此不能发挥作用，或者抗菌药物的作用位点被微生物以其他方式捕获和激活。

细菌对抗生素的耐药性主要有三个基本类型：分别是敏感型、固有耐药型和获得性耐药型。

固有耐药型是与生俱来的对抗菌药物的耐药性，一个特定细菌组（如属、种、亚种）内的所有细菌都是天然耐药，主要是因为细菌固有的结构或者生化特征而产生的耐药作用。如：革兰氏阴性菌对大环内酯类药物具有固有耐药性，因为大环内酯类药物太大，不能到达细胞质内的作用位点。厌氧菌对氨基糖苷类具有固有耐药性，因为在厌氧环境下氨基糖苷类不能渗透到细胞内。革兰氏阳性菌的细胞质膜中缺乏胆胺磷脂，从而对多黏菌素类药物具有固有耐药性。

获得性耐药型可以显示从只针对某一种药物、同一类药物中的几种、对同类药物的全部，到甚至对多种不同类别药物的耐药。通常一个耐药决定簇只编码对一类药物（如氨基糖苷类、β-内酰胺类、氟喹诺酮类药物）中的一种或者几种药物的耐药性或者编码几类相关药物（如大环内酯类-林可胺类-链阳菌素类药物）的耐药性。但是也有一些耐药决定簇编码对多类药物的耐药性。

二、耐药性的获得

细菌对抗生素产生耐药性主要有以下三种方式：与生理过程和细胞结构相关的基因发生突变、外源耐药基因的获得及这两种方式的共同作用。通常情况下，细菌以低频率持续发生内在突变，由此导致偶然的耐药性突变。但是当微生物受到压力（比如病原微生物受到宿主免疫防御和抗菌药物的胁迫）时，细菌群体突变的频率就会增大。

细菌可以通过三种不同方式获得外源 DNA。①转化作用：天然的感受态细胞摄取外界环境中的游离的 DNA 片段；②转导作用：通过噬菌体将遗传物质从一个细菌转移到另一个细菌中；③接合作用：像交配一样通过质粒实现细菌间遗传物质的转移。

能够在细胞内或细胞间的基因组内转移的遗传元件，可以分为四类：①质粒；②转座子；③噬菌体；④可自我剪接的小分子寄生虫。

三、耐药性的传播和稳定性

耐药性的流行和传播是自然选择的结果。在大量细菌中，只有具有抵抗有毒物质特性的少量细菌才能存活；而那些不含有这一优势特征的敏感菌株则会被淘汰，留下来的都是耐药性群体。在一个特定环境中，随着抗菌药物的长期使用，细菌的生态平衡会发生剧烈的变化，不太敏感的菌株会成为主体。当上述情况发生的时候，在多种宿主体内，耐药性共生菌和条件致病菌会快速替代原有敏感菌群定植成为优势菌群。当新的抗菌药物上市或对现有抗菌药物使用实施限制时，细菌的耐药性发生频率就会出现改变。

当细菌暴露于一种抗生素时，会共同选择产生对其他不相关的药物也产生耐药性。在细菌对抗生素产生耐药性的过程中可能还会存在非抗生素的选择压力。越来越多的证据表明，消毒剂和杀虫剂也可以促进细菌耐药性的产生。以上不仅可以导致细菌对多种抗生素的耐药决定簇的聚集，还可能形成对重金属及消毒剂等非抗生素物质的抗性基因丛，甚至还会产生毒力基因。

当细菌不需要携带的抗生素耐药基因时，对于细菌而言就是一种负担，所以当细菌菌群不面对抗生素选择压力时，无耐药基因的敏感菌会成为优势菌群，那么整个菌群就会慢慢地逆转回到一个对抗生素敏感的状态。

四、耐药性对公共卫生的影响

20 世纪 60 年代英国发布的报告中就提出，在兽医临床和食用动物生产过程中使用抗生素是造成食源性致病菌耐药性的重要原因。在农业生产中，抗生素的使用可能会帮助筛选耐药菌株，这些耐药菌株可能通过直接接触或摄入被耐药菌污染的食物及水传播给人类。关于耐药菌在动物和处于风险之中的人（农民、屠宰工人和兽医）之间传播的例子有许多。除了养殖场的动物，还有人类与密切接触的宠物，也会成为耐药菌及耐药基因传播的重要来源。因为人们认为动物性食品是具有耐药性的人肠道外致病性大肠杆菌的储库，导致人类疾病发生甚至难以治愈的风险。所以，动物性食品生产中使用抗菌药物，特别是作促生长使用受到极大关注。

随着抗菌药物在动物中使用及人畜共患病病原菌耐药性的增强，抗菌药物耐药性问题已经成为一个全球性公共卫生和动物卫生焦点。因为耐药性的发生、传播和持续存在，细菌中普遍存在的耐药性，让人觉得抗菌药物的益处将会消失，人们怀疑在未来几年里临床是否还有可以使用的抗菌药物。虽然耐药性的产生是一个不可避免的生物学现象，我们面对的挑战就是如何阻止耐药性的进一步发展和持续存在，并防止它成为现代医学发展的障碍。

在动物上使用抗生素会对人类病原菌耐药性产生负面影响是有确切的数据的。因为动物性食品如沙门氏菌、弯曲杆菌的污染导致人类消费这些产品而发生腹泻的病例时有发生，甚至有这些细菌的耐药菌株感染病例发生。因此，需要加强在动物上使用抗生素对人类致病菌产生耐药性的风险管控，并制定相应的预防措施。

第二节 遏制抗菌药物耐药性

一、抗菌药物耐药性监测

为了遏制细菌耐药性的进一步发展与蔓延，世界卫生组织（WHO）、联合国粮农组织（FAO）和世界动物卫生组织（OIE）都要求成员开展耐药性监测，涉及三个领域：人医临床耐药性监测，食品动物细菌耐药性监测，食源性细菌耐药性监测。涵盖了从动物、动物产品到人的食品链过程。动物源细菌耐药性监测主要针对公共卫生菌，包括大肠杆菌、肠球菌、金黄色葡萄球菌、沙门氏菌和弯曲杆菌开展，也可以针对动物病原菌开展。其中大肠杆菌和肠球菌为指示菌，分别代表 G^- 菌指示菌和 G^+ 菌指示菌。金黄色葡萄球菌、沙门氏菌和弯曲杆菌则为食源性公共卫生菌。通常在养殖场（生产环节）动物肛拭子获得大肠杆菌、肠球菌，以及在屠宰厂采集动物胴体、盲肠分离沙门氏菌和弯曲杆菌，经过加有标准菌株作为对照的药物敏感性测试系统，获得动物性食品生产、屠宰加工环节的动物源细菌的耐药性变化情况。

目前耐药性判定标准有欧盟抗菌药物敏感性检测委员会（EU-CAST）制订的流行病学折点（Ecoff）和美国临床化验所（CLSI）制订的临床折点。细菌获得耐药性，常使最小抑菌浓度（minimum inhibitory concentration，MIC）值发生改变，但它并不能导致临床相关的耐药性水平。作为耐药性监测，反映的是药物与细菌之间的关系，采用流行病学折点作为判定标准更加科学。而作为用药指导，则应采用临床折点。由于细菌获得性耐药机制的存在，导致对抗菌药物的敏感性和临床疗效降低。因此，应确定感染动物的每种细菌针对每一个抗菌药物的流行病学临界值、PK/PD临界值和临床折点。

二、抗菌药物使用监测

当细菌暴露于抗菌药物时，因为面临抗菌药物的压力就会选择产生耐药性。那么，人们自然而然地就会认为如果不使用抗菌药物，也就自然地不会发生耐药性！道理是这样的。但是养殖实际中完全不使用抗菌药物是不现实的，也是不可能的，关键是合理使用抗菌药物，只在动物发生感染性疾病时才使用抗菌药物，尽可能地减少抗菌药物的使用量，或者以其他替代办法如加强生物安全、疫苗免疫、卫生消毒等基本措施。

近年来，许多国家都制定了抗菌药物谨慎使用的指导原则。总结起来，关于抗菌药物的谨慎负责任使用，也可以用以下5R原则予以概括。

负责任（Responsibility）：处方兽医要承担决定使用抗菌药物的责任，并且要充分认识到这种使用可能会产生超出预期的不良后果。处方兽医要知道这种使用所带来的利益，以及推荐的风险管理措施，以减少发生任何即时或长期不利影响的可能性。

减少（Reduction）：任何可能情况下都应实施减少抗菌药物使用的措施，包括：加强感染控制，生物安全、免疫接种、动物个体的精准治疗或减少治疗持续时间。

优化（Refinement）：每次使用抗菌药物都应考虑给药方案的设计，利用所有关于病畜、病原菌、流行病学、抗菌药物（特别是动物特异性药代动力学和药效动力学特性）的信息，确保选用的抗菌药物产生耐药性的可能性最小化。负责任地使用就是正确选用药物、正确的给药时间、正确的给药剂量和正确的给药持续时间。

替代（Replacement）：任何时候有证据支持替代物安全有效，处方兽医经过评价权衡利弊后认为，替代物比抗菌药物有优势，就应该使用替代物。

评估（Review）：对抗菌药物管理的举措必须定期予以评估，并持续改进，以保证抗菌药物的使用规范适用并反映目前的最佳选择。

许多国家特别是欧盟国家，根据动物产品的产量，规定每生产1t肉使用抗菌药物50g，甚至北欧国家已经达到20g。我国关于抗菌药物的实际使用情况还不明了。根据对兽药企业的生产调查情况来看，抗菌药物使用总量和每吨肉使用量均居世界首位。需要尽快建立抗菌药物使用的监测网络和体系。

使用监测数据一般包括两个方面：抗菌药物使用总量和各种类药物的使用量。抗菌药物使用总量可以了解每生产1t肉使用的抗菌药物量。按抗菌药物类别进行划分归属，统计每个药物的使用量，可以帮助了解与耐药性发生之间的关系。通常统计养殖场年度采购后库房中抗菌药物制剂的进货（或出货）总量，根据制剂的含量（抗生素以效价单位标示时需要转换成重量含量）和规格计算出药物成分的总量，从而可以获得抗菌药物使用总量。再以年度动物生产量为基数，统计出每吨肉使用抗菌药物的量。

三、抗菌药物耐药性风险评估

兽药风险评估是一个现代意义上对上市前、后兽药进行的评价、再评价工作。它是系统地采用科学技术及信息，在特定条件下，对动植物和人类或环境暴露于新兽药后产生或将产生不良效应的可能性和严重性的科学评价。风险评估一般有定性评估和定量评估之分。一般包括四个步骤：危害识别、危害特征描述、暴露评估、风险特征描述。抗菌药物耐药性风险评估属于上市之后兽药的再评价工作。

过去几十年里，使用低浓度的抗菌药物可以有效地提高饲料转化率、促进动物增重，而且还减少了食品动物在运输过程中的应激反应。大多数用于动物的抗菌药物在人类医学上都有相应的类似物，并能为人医抗生素选择耐药性。欧盟于 20 世纪 90 年代取消了抗菌药物作动物促生长使用，但并未开展风险评估。欧盟于 1999 年开展了氟喹诺酮类药物对伤寒沙门氏菌的定性风险评估。美国首先于 2004 年开展了动物使用链阳菌素类药物（维吉尼亚霉素）在屎肠球菌耐药性的定量风险评估。依据风险评估于 2007 年撤销了在家禽使用恩诺沙星。

为防止动物源细菌耐药性进一步恶化，全球性禁止抗菌促长剂的使用已经势在必行。然而，截至目前我国仍然允许土霉素钙、金霉素、吉他霉素、杆菌肽、那西肽、阿维拉霉素、恩拉霉素、维吉尼亚霉素、黄霉素等 9 种抗生素作为动物促生长使用。其中，前 3 种属于人兽共用抗生素，后 6 种为动物专用抗生素。兽药主管部门认识到抗菌药物作动物促生长使用带来的耐药性恶化的风险，已经安排进行耐药性监测，并根据耐药性变化趋势经过风险评估后做出是否退出的决定。

四、抗菌药物耐药性风险管理

为了延缓动物源细菌的耐药性恶化，促进养殖业健康发展，避免出现无抗菌药物可选择的窘境，需要有区别地针对促生长使用的抗菌药物做出不同的限制措施。作为控制抗生素耐药性措施的一部分，2012 年美国 FDA 颁布了 209 号制药工业指南，即“医疗重要的抗生素在食品动物的谨慎使用”；主要集中于两个方面：①限制医学上重要的抗生素在食品动物使用，除非保证食品动物健康有必要；②抗生素在食品动物中的限制使用还需要兽医的监督和指导。过去 10 多年来，我国兽药主管部门采取了一系列控制措施，早在 2001 年就以 168 号公告发布《饲料药物添加剂使用规范》。将通过饲料添加的药物分为不需要兽医处方可自行添加的（附录一）和需要兽医处方才可添加的（附录二）。2013 年，以 1997 号公告发布了第一批兽用处方药品种目录，目前兽医临床允许使用的各种抗菌药物都收录其中。2015 年，以 2292 号公告发布规定，禁止在食品动物中使用洛美沙星、培氟沙星、氧氟沙星、诺氟沙星等 4 种抗菌药。2015 年 7 月发布了《全国兽药（抗菌药）综合治理五年行动方案》，计划用五年时间开展系统、全面的兽用抗菌药滥用及非法兽药综合治理活动，以进一步加强兽用抗菌药（包括水产用抗菌药）的监管，提高兽用抗菌药科学规范使用水平。2016 年 7 月，以 2428 号公告发布规定，停止硫酸黏菌素用于动物促生长，只允许治疗使用。2016 年 7 月起，农业部实施兽药产品电子追溯码（二维码）标识，我国生产、进口的所有兽药产品需赋“二维码”上市销售，实现全程追溯。2017 年 5 月成立了“全国兽药残留与耐药性控制专家委员会”，为推进兽药残留控制、动物源细菌耐药性防控工作提供技术支撑。

对抗菌药物作动物促生长使用，通过风险评估后要分别采取不同的风险管理措施。如果属于人类医疗极为重要的抗菌药物，则需要停止作动物的促生长使用；属于动物专用的抗菌药物促生长剂，如果极易产生耐药性甚至与其他抗菌药物交叉耐药，也需停止作动物的促生长使用；属于动物专用的抗球虫抗生素，由于与人类健康没有太大关系，可以继续作动物的促生长使用。

总体来讲，遏制细菌耐药性的进一步恶化，需要采取多种综合措施。包括生物安全、环境卫生消毒、厩舍通风、动物福利、加强营养、防止饲料霉变与酸化处理等，保障养殖的动物舒适健康。从动物使用抗菌药物方面来讲，动物诊疗机构、养殖场需要严格执行处方药管理制度，加强对抗菌药物遴选、采购、处方、兽医临床应用和效果评价的管理，并根据细菌培养及药物敏感试验结果选择使用抗菌药物。

附录1

肉鸡的生理参数

体温（℃）	呼吸频次（站立状态）（次/min）	心率（成年肉鸡）（次/min）	血压（不麻醉状态）（mmHg*）		红细胞数量（10^{12}/L）
			收缩压	舒张压	
41.7（40.6～43.0）	28（15～40）	170～500	175	145	2.8（2.0～3.2）

白细胞数量（10^9/L）	血小板数量（10^9/L）	血红蛋白含量（g/dL）	红细胞压积（%）	血液pH
9～56	130～230	8.6～12.5	29～48	7.54（7.45～7.63）

排便量（成年鸡）（g/d）	饲料量（成年鸡）（g/d）	性成熟年龄（月龄）	繁殖适龄期（月龄）	成熟时体重（kg）
113～227	96.4	4～6	4～6	1.5～3

注：* mmHg为非法定计量单位，1mmHg=133.322Pa。

我国禁止使用兽药及化合物清单

一、禁止在饲料和动物饮用水中使用的药物品种目录（农业部公告第176号，2002年）

（一）肾上腺素受体激动剂

1. 盐酸克仑特罗（Clenbuterol Hydrochloride）：中华人民共和国药典（以下简称“药典”）2000年二部P605。β_2肾上腺素受体激动药。

2. 沙丁胺醇（Salbutamol）：药典2000年二部P316。β_2肾上腺素受体激动药。

3. 硫酸沙丁胺醇（Salbutamol Sulfate）：药典2000年二部P870。β_2肾上腺素受体激动药。

4. 莱克多巴胺（Ractopamine）：一种β兴奋剂，美国食品和药物管理局（FDA）已批准，中国未批准。

5. 盐酸多巴胺（Dopamine Hydrochloride）：药典2000年二部P591。多巴胺受体激动药。

6. 西巴特罗（Cimaterol）：美国氰胺公司开发的产品，一种β兴奋剂，FDA未批准。

7. 硫酸特布他林（Terbutaline Sulfate）：药典2000年二部

P890。β_2 肾上腺受体激动药。

（二）性激素

8. 己烯雌酚（Diethylstibestrol）：药典 2000 年二部 P42。雌激素类药。

9. 雌二醇（Estradiol）：药典 2000 年二部 P1005。雌激素类药。

10. 戊酸雌二醇（Estradiol Valerate）：药典 2000 年二部 P124。雌激素类药。

11. 苯甲酸雌二醇（Estradiol Benzoate）：药典 2000 年二部 P369。雌激素类药。中华人民共和国兽药典（以下简称“兽药典”）2000 年版一部 P109。雌激素类药。用于发情不明显动物的催情及胎衣滞留、死胎的排出。

12. 氯烯雌醚（Chlorotrianisene）：药典 2000 年二部 P919。

13. 炔诺醇（Ethinylestradiol）：药典 2000 年二部 P422。

14. 炔诺醚（Quinestrol）：药典 2000 年二部 P424。

15. 醋酸氯地孕酮（Chlormadinone acetate）：药典 2000 年二部 P1037。

16. 左炔诺孕酮（Levonorgestrel）：药典 2000 年二部 P107。

17. 炔诺酮（Norethisterone）：药典 2000 年二部 P420。

18. 绒毛膜促性腺激素（绒促性素）（Chorionic conadotrophin）：药典 2000 年二部 P534。促性腺激素药。兽药典 2000 年版一部 P146。激素类药。用于性功能障碍、习惯性流产及卵巢囊肿等。

19. 促卵泡生长激素（尿促性素主要含卵泡刺激 FSHT 和黄体生成素 LH）（Menotropins）：药典 2000 年二部 P321。促性腺激素类药。

（三）蛋白同化激素

20. 碘化酪蛋白（Iodinated Casein）：蛋白同化激素类，为甲状腺素的前驱物质，具有类似甲状腺素的生理作用。

21. 苯丙酸诺龙及苯丙酸诺龙注射液（Nandrolone phenylpropionate）：药典 2000 年二部 P365。

（四）精神药品

22.（盐酸）氯丙嗪（Chlorpromazine Hydrochloride）：药典 2000 年二部 P676。抗精神病药。兽药典 2000 年版一部 P177。镇静药。用于强化麻醉以及使动物安静等。

23. 盐酸异丙嗪（Promethazine Hydrochloride）：药典 2000 年二部 P602。抗组胺药。兽药典 2000 年版一部 P164。抗组胺药。用于变态反应性疾病，如荨麻疹、血清病等。

24. 安定（地西泮）（Diazepam）：药典 2000 年二部 P214。抗焦虑药、抗惊厥药。兽药典 2000 年版一部 P61。镇静药、抗惊厥药。

25. 苯巴比妥（Phenobarbital）：药典 2000 年二部 P362。镇静催眠药、抗惊厥药。兽药典 2000 年版一部 P103。巴比妥类药。缓解脑炎、破伤风、士的宁中毒所致的惊厥。

26. 苯巴比妥钠（Phenobarbital Sodium）：兽药典 2000 年版一部 P105。巴比妥类药。缓解脑炎、破伤风、士的宁中毒所致的惊厥。

27. 巴比妥（Barbital）：兽药典 2000 年版二部 P27。中枢抑制和增强解热镇痛。

28. 异戊巴比妥（Amobarbital）：药典 2000 年二部 P252。催眠药、抗惊厥药。

29. 异戊巴比妥钠（Amobarbital Sodium）：兽药典 2000 年版一部 P82。巴比妥类药。用于小动物的镇静、抗惊厥和麻醉。

30. 利血平（Reserpine）：药典 2000 年二部 P304。抗高血压药。

31. 艾司唑仑（Estazolam）。

32. 甲丙氨脂（Meprobamate）。

33. 咪达唑仑（Midazolam）。

34. 硝西泮（Nitrazepam）。

35. 奥沙西泮（Oxazepam）。

36. 匹莫林（Pemoline）。

37. 三唑仑（Triazolam）。

38. 唑吡旦（Zolpidem）。

39. 其他国家管制的精神药品。

（五）各种抗生素滤渣

40. 抗生素滤渣：该类物质是抗生素类产品生产过程中产生的工业三废，因含有微量抗生素成分，在饲料和饲养过程中使用后对动物有一定的促生长作用。但对养殖业的危害很大，一是容易引起耐药性，二是由于未做安全性试验，存在各种安全隐患。

二、食品动物禁用的兽药及其他化合物清单（农业部公告第193号，2002年）

序号	兽药及其他化合物名称	禁止用途	禁用动物
1	β-兴奋剂类：克仑特罗 Clenbuterol、沙丁胺醇 Salbutamol、西马特罗 Cimaterol 及其盐、酯及制剂	所有用途	所有食品动物
2	性激素类：己烯雌酚 Diethylstilbestrol 及其盐、酯及制剂	所有用途	所有食品动物
3	具有雌激素样作用的物质：玉米赤霉醇 Zeranol、去甲雄三烯醇酮 Trenbolone、醋酸甲孕酮 Mengestrol Acetate 及制剂	所有用途	所有食品动物
4	氯霉素 Chloramphenicol 及其盐、酯（包括：琥珀氯霉素 Chloramphenicol Succinate）及制剂	所有用途	所有食品动物
5	氨苯砜 Dapsone 及制剂	所有用途	所有食品动物

（续）

序号	兽药及其他化合物名称	禁止用途	禁用动物
6	硝基呋喃类：呋喃唑酮 Furazolidone、呋喃它酮 Furaltadone、呋喃苯烯酸钠 Nifurstyrenate sodium 及制剂	所有用途	所有食品动物
7	硝基化合物：硝基酚钠 Sodium nitrophenolate、硝呋烯腙 Nitrovin 及制剂	所有用途	所有食品动物
8	催眠、镇静类：安眠酮 Methaqualone 及制剂	所有用途	所有食品动物
9	林丹（丙体六六六）Lindane	杀虫剂	所有食品动物
10	毒杀芬（氯化烯）Camahechlor	杀虫剂、清塘剂	所有食品动物
11	呋喃丹（克百威）Carbofuran	杀虫剂	所有食品动物
12	杀虫脒（克死螨）Chlordimeform	杀虫剂	所有食品动物
13	双甲脒 Amitraz	杀虫剂	水生食品动物
14	酒石酸锑钾 Antimonypotassiumtartrate	杀虫剂	所有食品动物
15	锥虫胂胺 Tryparsamide	杀虫剂	所有食品动物
16	孔雀石绿 Malachitegreen	抗菌、杀虫剂	所有食品动物
17	五氯酚酸钠 Pentachlorophenolsodium	杀螺剂	所有食品动物
18	各种汞制剂。包括氯化亚汞（甘汞）Calomel，硝酸亚汞 Mercurous nitrate、醋酸汞 Mercurous acetate、吡啶基醋酸汞 Pyridyl mercurous acetate	杀虫剂	所有食品动物
19	性激素类：甲基睾丸酮 Methyltestosterone、丙酸睾酮 Testosterone Propionate、苯丙酸诺龙 Nandrolone Phenylpropionate、苯甲酸雌二醇 Estradiol Benzoate 及其盐、酯及制剂	促生长	所有食品动物
20	催眠、镇静类：氯丙嗪 Chlorpromazine、地西泮（安定）Diazepam 及其盐、酯及制剂	促生长	所有食品动物
21	硝基咪唑类：甲硝唑 Metronidazole、地美硝唑 Dimetronidazole 及其盐、酯及制剂	促生长	所有食品动物

三、兽药地方标准废止目录公布的食品动物禁用兽药（农业部公告第560号，2005年）

类别	名称/组方
禁用兽药	β-兴奋剂类：沙丁胺醇及其盐、酯及制剂 硝基呋喃类：呋喃西林、呋喃妥因及其盐、酯及制剂 硝基咪唑类：替硝唑及其盐、酯及制剂 喹噁啉类：卡巴氧及其盐、酯及制剂 抗生素类：万古霉素及其盐、酯及制剂

四、禁止在饲料和动物饮水中使用的物质（农业部公告第1519号，2010年）

1. 苯乙醇胺A（Phenylethanolamine A）：β-肾上腺素受体激动剂。

2. 班布特罗（Bambuterol）：β-肾上腺素受体激动剂。

3. 盐酸齐帕特罗（Zilpaterol Hydrochloride）：β-肾上腺素受体激动剂。

4. 盐酸氯丙那林（Clorprenaline Hydrochloride）：药典2010年二部P783。β-肾上腺素受体激动剂。

5. 马布特罗（Mabuterol）：β-肾上腺素受体激动剂。

6. 西布特罗（Cimbuterol）：β-肾上腺素受体激动剂。

7. 溴布特罗（Brombuterol）：β-肾上腺素受体激动剂。

8. 酒石酸阿福特罗（Arformoterol Tartrate）：长效型β-肾上腺素受体激动剂。

9. 富马酸福莫特罗（Formoterol Fumatrate）：长效型β-肾上腺素受体激动剂。

10. 盐酸可乐定（Clonidine Hydrochloride）：药典 2010 年二部 P645。抗高血压药。

11. 盐酸赛庚啶（Cyproheptadine Hydrochloride）：药典 2010 年二部 P803。抗组胺药。

五、禁止用于食品动物的其他兽药

兽用药物及其他化合物名称	禁用动物	公告号
非泼罗尼及相关制剂	所有食品动物	农业部公告第 2583 号（2017 年 9 月 15 日颁布）
洛美沙星、培氟沙星、氧氟沙星、诺氟沙星 4 种原料药的各种盐、酯及其各种制剂	所有食品动物	农业部公告第 2292 号（2015 年 9 月 1 日颁布）
喹乙醇、氨苯胂酸、洛克沙胂 3 种兽药的原料药及各种制剂	所有食品动物	农业部公告第 2638 号（2018 年 1 月 12 日颁布）

附录 3

批准用于肉鸡的药物的最高残留限量（ppb）

（包括中国、CAC、美国、欧盟、日本）

药物	阿苯达唑 Albendazole				
组织	中国	CAC	美国	欧盟	日本
肌肉	100	100	待制定	待制定	100
脂肪/皮	100	100	待制定	待制定	100
肝	5 000	5 000	待制定	待制定	5 000
肾	5 000	5 000	待制定	待制定	5 000

药物	阿莫西林 Amoxicillin				
组织	中国	CAC	美国	欧盟	日本
肌肉	50	待制定	待制定	50	
脂肪/皮	50	待制定	待制定	50	
肝	50	待制定	待制定	50	
肾	50	待制定	待制定	50	

药物	氨苄西林 Ampicillin				
组织	中国	CAC	美国	欧盟	日本
肌肉	50	待制定	待制定	50	
脂肪/皮	50	待制定	待制定	50	
肝	50	待制定	待制定	50	
肾	50	待制定	待制定	50	

（续）

药物	氨丙啉 Amprolium				
组织	中国	CAC	美国	欧盟	日本
肌肉	500	待制定	500	不需制定	
脂肪/皮		待制定		不需制定	
肝	1 000	待制定	1 000	不需制定	
肾	1 000	待制定	1 000	不需制定	

药物	氨苯胂酸/洛克沙胂 Arsanilic acid/Rosarsone				
组织	中国	CAC	美国	欧盟	日本
肌肉	500	待制定	使用撤销	未准使用	
脂肪/皮		待制定	使用撤销	未准使用	
肝	500	待制定	使用撤销	未准使用	
肾	500	待制定	使用撤销	未准使用	

药物	阿维拉霉素 Avilamycin				
组织	中国	CAC	美国	欧盟	日本
肌肉	200	200	不需制定	50	
脂肪/皮	200	200	不需制定	100	
肝	300	300	不需制定	300	
肾	200	200	不需制定	200	

药物	杆菌肽 Bacitracin				
组织	中国	CAC	美国	欧盟	日本
肌肉	500	待制定	500	未准使用	
脂肪/皮	500	待制定	500	未准使用	
肝	500	待制定	500	未准使用	
肾	500	待制定	500	未准使用	

药物	苄星青霉素/普鲁卡因青霉素 Benzylpenicillin/Procaine benzylpenicillin				
组织	中国	CAC	美国	欧盟	日本
肌肉	50	50	待制定	50	50
脂肪/皮			待制定	50	
肝	50	50	待制定	50	50
肾	50	50	待制定	50	50

（续）

药物	氯羟吡啶 Clopidol				
组织	中国	CAC	美国	欧盟	日本
肌肉	5 000	待制定	5 000	未准使用	
脂肪/皮		待制定		未准使用	
肝	15 000	待制定	15 000	未准使用	
肾	15 000	待制定	15 000	未准使用	
药物	金霉素/土霉素/四环素 Chlortetracycline				
组织	中国	CAC	美国	欧盟	日本
肌肉	200	200	2 000	100	200
脂肪/皮		未制定	12 000		
肝	600	600	6 000	300	600
肾	1 200	1 200	12 000	600	1 200
药物	黏菌素 Colistin				
组织	中国	CAC	美国	欧盟	日本
肌肉	150	150	待制定	150	
脂肪/皮	150	150	待制定	150	
肝	150	150	待制定	150	
肾	200	200	待制定	200	
药物	环丙氨嗪 Cyromazine				
组织	中国	CAC	美国	欧盟	日本
肌肉	50	待制定	待制定	待制定	50
脂肪	50	待制定	待制定	待制定	
肝	50	待制定	待制定	待制定	
肾	50	待制定	待制定	待制定	
药物	达氟沙星 Danofloxacin				
组织	中国	CAC	美国	欧盟	日本
肌肉	200	200	待制定	200	200
脂肪	100	100	待制定	100	100
肝	400	400	待制定	400	400
肾	400	400	待制定	400	400

（续）

药物	癸氧喹酯 Decoquinate				
组织	中国	CAC	美国	欧盟	日本
皮＋肉	1 000	待制定	1 000	待制定	
可食组织	2 000	待制定	2 000	待制定	

药物	越霉素 A Destomycin A				
组织	中国	CAC	美国	欧盟	日本
可食组织	2 000	待制定	待制定	未准使用	
脂肪		待制定	待制定	未准使用	
肝		待制定	待制定	未准使用	
肾		待制定	待制定	未准使用	

药物	地克珠利 Diclazuril				
组织	中国	CAC	美国	欧盟	日本
肌肉	500	500	500	待制定	500
脂肪＋皮	1 000	1 000	1 000	待制定	1 000
肝	3 000	3 000	3 000	待制定	3 000
肾	2 000	2 000	未制定	待制定	2 000

药物	二氟沙星 Difloxacin				
组织	中国	CAC	美国	欧盟	日本
肌肉	300	待制定	待制定	300	
脂肪＋皮	400	待制定	待制定	400	
肝	1 900	待制定	待制定	1 900	
肾	600	待制定	待制定	600	

药物	二硝托胺 Dinitolmide				
组织	中国	CAC	美国	欧盟	日本
肌肉	300	待制定	3 000	待制定	
脂肪＋皮	400	待制定	2 000	待制定	
肝	1 900	待制定	6 000	待制定	
肾	600	待制定	6 000	待制定	

（续）

药物	多西环素 Doxycycline				
组织	中国	CAC	美国	欧盟	日本
肌肉	100	待制定	待制定	100	
脂肪+皮	300	待制定	待制定	300	
肝	300	待制定	待制定	300	
肾	600	待制定	待制定	600	
药物	恩诺沙星 Enrofloxacin				
组织	中国	CAC	美国	欧盟	日本
肌肉	100	待制定	待制定	100	
脂肪+皮	100	待制定	待制定	100	
肝	200	待制定	待制定	200	
肾	300	待制定	待制定	300	
药物	红霉素 Erythromycin				
组织	中国	CAC	美国	欧盟	日本
肌肉	100	100	125	200	
脂肪+皮	100	100	125	200	
肝	100	100	125	200	
肾	100	100	125	200	
药物	乙氧酰胺苯甲酯 Ethopabate				
组织	中国	CAC	美国	欧盟	日本
肌肉	500	待制定	500	待制定	
脂肪+皮		待制定		待制定	
肝	1 500	待制定	1 500	待制定	
肾	1 500	待制定	1 500	待制定	
药物	倍硫磷 Fenthion				
组织	中国	CAC	美国	欧盟	日本
肌肉	100	待制定	未准使用	未准使用	
脂肪+皮	100	待制定	未准使用	未准使用	
肝	100	待制定	未准使用	未准使用	
肾	100	待制定	未准使用	未准使用	

（续）

药物	芬苯达唑 Fenbendazole				
组织	中国	CAC	美国	欧盟	日本
肌肉	待制定	待制定	待制定	待制定	
脂肪＋皮	待制定	待制定	待制定	待制定	
肝	待制定	待制定	待制定	待制定	
肾	待制定	待制定	待制定	待制定	

药物	氟苯尼考 Florfenicol				
组织	中国	CAC	美国	欧盟	日本
肌肉	100	待制定	待制定	100	
脂肪＋皮	200	待制定	待制定	200	
肝	2 500	待制定	待制定	2 500	
肾	750	待制定	待制定	750	

药物	氟苯咪唑 Flubendazole				
组织	中国	CAC	美国	欧盟	日本
肌肉	200	200	待制定	50	200
脂肪＋皮			待制定	50	
肝	500	500	待制定	400	500
肾			待制定	300	

药物	氟甲喹 Flumequine				
组织	中国	CAC	美国	欧盟	日本
肌肉	500	500	待制定	400	
脂肪＋皮	1 000	1 000	待制定	250	
肝	500	500	待制定	800	
肾	3 000	3 000	待制定	1 000	

药物	常山酮 Halofuginone				
组织	中国	CAC	美国	欧盟	日本
肌肉	100	待制定	100	待制定	
脂肪＋皮	200	待制定	200	待制定	
肝	300	待制定	300	待制定	
肾		待制定		待制定	

（续）

药物	吉他霉素 Kitasamycin				
组织	中国	CAC	美国	欧盟	日本
肌肉	200	待制定	待制定	待制定	
脂肪+皮	200	待制定	待制定	待制定	
肝	200	待制定	待制定	待制定	
肾	200	待制定	待制定	待制定	
药物	拉沙洛菌素 Lasalocid				
组织	中国	CAC	美国	欧盟	日本
肌肉		待制定		20	
脂肪+皮	1 200	待制定	1 200	100	
肝	400	待制定	400	100	
肾		待制定		50	
药物	左旋咪唑 Levamisole				
组织	中国	CAC	美国	欧盟	日本
肌肉	10	10	待制定	10	10
脂肪+皮	10	10	待制定	10	10
肝	100	100	待制定	100	10
肾	10	10	待制定	10	10
药物	林可霉素 Lincomycin				
组织	中国	CAC	美国	欧盟	日本
肌肉	200	200	不需制定	100	
脂肪+皮	100	100	不需制定	50	
肝	500	500	不需制定	500	
肾	500	500	不需制定	1 500	
药物	马度米星 Maduramicin				
组织	中国	CAC	美国	欧盟	日本
肌肉	240	待制定	240	待制定	
脂肪+皮	480	待制定	480	待制定	
肝	480	待制定	720	待制定	
				待制定	

（续）

药物	莫能菌素 Monensin				
组织	中国	CAC	美国	欧盟	日本
肌肉	10	10	不需制定	待制定	
脂肪＋皮	100	100	不需制定	待制定	
肝	100	100	不需制定	待制定	
肾	10	10	不需制定	待制定	

药物	甲基盐霉素 Narasin				
组织	中国	CAC	美国	欧盟	日本
肌肉	15	15		待制定	
脂肪＋皮	50	50	480	待制定	
肝	50	50		待制定	
肾	15	15		待制定	

药物	新霉素 Neomycin				
组织	中国	CAC	美国	欧盟	日本
肌肉	500	500	待制定	500	500
脂肪＋皮	500	500	待制定	500	500
肝	500	500	待制定	500	500
肾	1 000	1 000	待制定	5 000	1 0000

药物	尼卡巴嗪 Nicarbazin				
组织	中国	CAC	美国	欧盟	日本
肌肉	200	200	4 000	待制定	
脂肪＋皮	200	200	4 000	待制定	
肝	200	200	4 000	待制定	
肾	200	200	4 000	待制定	

药物	哌嗪 Piperazine				
组织	中国	CAC	美国	欧盟	日本
肌肉	待制定	待制定	待制定	不需制定	
脂肪＋皮	待制定	待制定	待制定	不需制定	
肝	待制定	待制定	待制定	不需制定	
肾	待制定	待制定	待制定	不需制定	

（续）

药物	氯苯胍 Robenidine				
组织	中国	CAC	美国	欧盟	日本
				待制定	
脂肪	200	待制定	200	待制定	
皮	200	待制定	200	待制定	
可食组织	100	待制定	100	待制定	
药物	盐霉素 Salinomycin				
组织	中国	CAC	美国	欧盟	日本
肌肉	600	待制定	待制定	待制定	
脂肪＋皮	1 200	待制定	待制定	待制定	
肝	1800	待制定	待制定	待制定	
肾	待制定	待制定	待制定	待制定	
药物	沙拉沙星 Sarafloxacin				
组织	中国	CAC	美国	欧盟	日本
肌肉	10	10	待制定		10
脂肪＋皮	20	20	待制定	10	20
肝	80	80	待制定	100	80
肾	80	80	待制定		80
药物	赛杜霉素 Semduramicin				
组织	中国	CAC	美国	欧盟	日本
肌肉	130	待制定	130	待制定	
脂肪＋皮		待制定		待制定	
肝	400	待制定	400	待制定	
肾		待制定		待制定	
药物	大观霉素 Spectinomycin				
组织	中国	CAC	美国	欧盟	日本
肌肉	500	500	100	300	500
脂肪＋皮	2 000	2 000	100	500	2 000
肝	2 000	2 000	100	1 000	2 000
肾	5 000	5 000	100	5 000	5 000

（续）

药物	磺胺类 Sulfonamides				
组织	中国	CAC	美国	欧盟	日本
肌肉	100	待制定	不同药物不同	100	
脂肪+皮	100	待制定	不同药物不同	100	
肝	100	待制定	不同药物不同	100	
肾	100	待制定	不同药物不同	100	
药物	甲砜霉素 Thiamphenicol				
组织	中国	CAC	美国	欧盟	日本
肌肉	50	待制定	待制定	50	
脂肪+皮	50	待制定	待制定	50	
肝	50	待制定	待制定	50	
肾	50	待制定	待制定	50	
药物	泰妙菌素 Tiamulun				
组织	中国	CAC	美国	欧盟	日本
肌肉	100	待制定	待制定	100	
脂肪+皮	100	待制定	待制定	100	
肝	1 000	待制定	待制定	1 000	
肾	未制定	待制定	待制定		
药物	替米考星 Tilmicosin				
组织	中国	CAC	美国	欧盟	日本
肌肉	150	150	待制定	75	
脂肪+皮	250	250	待制定	75	
肝	2 400	2 400	待制定	1 000	
肾	600	600	待制定	250	
药物	托曲珠利 Toltrazuril				
组织	中国	CAC	美国	欧盟	日本
肌肉	100	待制定	待制定	100	
脂肪+皮	200	待制定	待制定	200	
肝	600	待制定	待制定	600	
肾	400	待制定	待制定	400	

（续）

药物	甲氧苄啶 Trimethoprim				
组织	中国	CAC	美国	欧盟	日本
肌肉	50	待制定	待制定	50	
脂肪＋皮	50	待制定	待制定	50	
肝	50	待制定	待制定	50	
肾	50	待制定	待制定	50	
药物	泰乐菌素 Tylosin				
组织	中国	CAC	美国	欧盟	日本
肌肉	100	100	200	100	
脂肪＋皮	100	100	200	100	
肝	100	100	200	100	
肾	100	100	200	100	
药物	泰万菌素 Tylvalosin				
组织	中国	CAC	美国	欧盟	日本
肌肉	50	待制定	待制定		
脂肪＋皮	50	待制定	待制定	50	
肝	50	待制定	待制定	50	
肾	50	待制定	待制定		
药物	维吉尼亚霉素 Virginiamycin				
组织	中国	CAC	美国	欧盟	日本
肌肉	100	待制定	不需制定	待制定	
脂肪＋皮	400	待制定	不需制定	待制定	
肝	300	待制定	不需制定	待制定	
肾	400	待制定	不需制定	待制定	

一、二、三类疫病中涉及肉鸡的疫病*

一类动物疫病

高致病性禽流感、新城疫。

二类动物疫病

多种动物共患病：魏氏梭菌病。

禽病：鸡传染性喉气管炎、鸡传染性支气管炎、传染性法氏囊病、马立克氏病、产蛋下降综合征、禽白血病、禽痘、禽霍乱、鸡白痢、禽伤寒、鸡败血支原体感染、鸡球虫病、低致病性禽流感、禽网状内皮组织增殖症。

三类动物疫病

多种动物共患病：大肠杆菌病。

禽病：鸡病毒性关节炎、禽传染性脑脊髓炎、传染性鼻炎、禽结核病。

---

* 引自中华人民共和国农业部公告第 1125 号。

兽药使用相关政策法规目录

1. 中华人民共和国动物防疫法（1997年7月3日第八届全国人民代表大会常务委员会第二十六次会议通过，1997年7月3日中华人民共和国主席令第八十七号公布；2007年8月30日第十届全国人民代表大会常务委员会第二十九次会议修订，2007年8月30日中华人民共和国主席令第七十一号公布）

2. 兽药管理条例（2004年4月9日国务院令第404号公布，2014年7月29日国务院令第653号部分修订，2016年2月6日国务院令第666号部分修订）

3. 动物性食品中兽药最高残留限量标准（中华人民共和国农业部公告第235号）

4. 农业部关于印发《饲料药物添加剂使用规范》的通知（农牧发［2001］20号）

5. 禁止在饲料和动物饮水中使用的药物品种目录（农业部、卫生部、国家药品监督管理局公告2002年第176号）

6. 食品动物禁用的兽药及其他化合物清单（中华人民共和国农业部公告第193号）

7. 部分兽药品种的休药期规定（中华人民共和国农业部公告第278号）

8. 农业部关于清查金刚烷胺等抗病毒药物的紧急通知（农医发

[2005] 33 号)

9. 淘汰兽药品种目录（中华人民共和国农业部公告第 839 号）

10. 禁止在饲料和动物饮水中使用的物质（中华人民共和国农业部公告第 1519 号）

11. 兽用处方药品种目录（第一批）（中华人民共和国农业部公告第 1997 号）

12. 兽用处方药品种目录（第二批）（中华人民共和国农业部公告第 2471 号）

13. 乡村兽医基本用药目录（中华人民共和国农业部公告第 2069 号）

14. 关于禁止在食品动物中使用洛美沙星等 4 种原料药的各种盐、酯及各种制剂的公告（中华人民共和国农业部公告第 2292 号）

15. 禁止非泼罗尼及相关制剂用于食品动物（中华人民共和国农业部公告第 2583 号）

16. 关于停止喹乙醇、氨苯胂酸、洛克沙胂用于食品动物的公告（中华人民共和国农业部公告第 2638 号）

17. 农业部关于印发《2018 年国家动物疫病强制免疫计划》的通知（2018 年 1 月 16 日）

参 考 文 献

中国兽药典委员会，2016. 中华人民共和国兽药典（一部）[M]. 北京：中国农业出版社.

中国兽药典委员会，2011. 中华人民共和国兽药典兽药使用指南（化学药品卷）[M]. 北京：中国农业出版社.

中国兽医药品监察所，2015. 兽药产品说明书范本（化学药品卷）[M]. 北京：中国农业出版社.

中华人民共和国农业部，2017. 兽药质量标准说明书范本（化学药品卷）[M]. 北京：中国农业出版社.

中华人民共和国农业部，2017. 兽药质量标准说明书范本（中药卷）[M]. 北京：中国农业出版社.

中华人民共和国农业部，2002. 动物性食品中兽药最高残留限量 [M]. 北京：中国农业出版社.

陈杖榴，曾振灵，2017. 兽医药理学 [M]. 北京：中国农业出版社.

陈溥言，2015. 兽医传染病学 [M]. 6 版. 北京：中国农业出版社.

陆承平，2013. 兽医微生物学 [M]. 5 版. 北京：中国农业出版社.

吴清民，2002. 兽医传染病学 [M]. 北京：中国农业大学出版社.

Kahn C M，Line S，2015. 默克兽医手册 [M]. 张仲秋，丁伯良，主译，10 版. 北京：中国农业出版社.

Hirsh D C，2007. 兽医微生物学 [M]. 王凤阳，范泉水，主译，2 版. 北京：科学出版社.